CHRISTIAN WOLFF
GESAMMELTE WERKE

II. ABT. BAND 37

# AËROMETRIAE ELEMENTA

CHRISTIAN WOLFF

# GESAMMELTE WERKE

HERAUSGEGEBEN UND BEARBEITET VON
J. ÉCOLE · H.W. ARNDT · CH.A. CORR
J.E. HOFMANN† · M. THOMANN

II. ABTEILUNG · LATEINISCHE SCHRIFTEN
BAND 37

## AËROMETRIAE ELEMENTA

1981
GEORG OLMS VERLAG
HILDESHEIM · NEW YORK

CHRISTIANI WOLFII

# AËROMETRIAE ELEMENTA

1981
GEORG OLMS VERLAG
HILDESHEIM · NEW YORK

Dem Nachdruck liegt das Exemplar
der Niedersächsischen Landesbibliothek Hannover zugrunde.
Signatur: N-A 1479



Nachdruck der Ausgabe Leipzig 1709
Printed in Germany
Herstellung: Strauss & Cramer GmbH, 6945 Hirschberg 2
ISBN 3 487 07030 8

# AEROMETRIÆ ELEMENTA

# AEROMETRIÆ ELEMENTA,

*in quibus*

aliquot Aëris vires ac proprietates juxta methodum Geometrarum demonstrantur.

AUTORE
CHRISTIANO WOLFIO,
in Academia Regia Fridericiana Mathematum Professore.

*LIPSIÆ,*
Sumtibus HERED. LANKISIANORUM.
1709.

*ILLUSTRISSIMO AC EXCELLENTISSIMO DOMINO,*

DOMINO

# DANIELI LUDOLPHO,

LIB. BARONI DE

DANCKELMANN,

Potentissimi Regis Prussiæ Consiliario Status Pacis Bellique Intimo, Regiæ Militiæ Commissario Generali, Rerum Ecclesiasticarum Directori, Consistorii Præsidi, & Academiarum Regiarum Curatori Supremo,

Domino Suo Benignissimo

Felicitatem perpetuam!

*Illustrissime atque Excellentissime*
*DOMINE,*

AD maximum equidem fastigium hoc nostro ævo scientias

tias evectas miramur: hactenus tamen sublimiorem rerum cognitionem inter paucos distributam esse nemo negabit, nisi eorum, quæ in orbe erudito aguntur, prorsus fuerit ignarus, Nobis igitur, quibus scientiarum propagandarum cura commissa est, incumbit, ut à facilioribus ad difficiliora, à tritis ad abstrusa magis viam facilem sternamus. Quam primum adeo provida EXCELLENTIÆ TUÆ cura factum est, ut Regia Majestas Professionem Mathematum ordinariam in celeberrima

Fridericiana mihi clementissime demandaret; non modo juventuti Academicæ prima Mathematum elementa exposui, sed & selectiora quædam ingenia ad sublimiora præparare annisus fui, operamque inprimis dedi, ut manifestum Mathematum non modo in vita civili, sed & in aliis scientiis usum commonstrarem. Ea etiam intentione hæc Aërometriæ elementa publici juris feci; quæ Illustrissimo Nomini Tuo inscribere ausus sum, tum

tum ut animi grati in EXCELLENTIAM TUAM publicum aliquod monumentum extaret, tum ut Tibi, Supremo Academiæ noſtræ Curatori, muneris mihi concrediti rationem aliquam rederem. Quod ſupereſt, DEum Ter Optimum Maximum ſupplex veneror, ut EXCELLENTIAM TUAM per plurima adhuc luſtra ſalvam atque incolumem ſervet, quo tum omnes, quæ Regi Potentisſimo parent, provinciæ, tum noſtra quoque Academia Tuis conſiliis Tuaque provida cura ſuam promoveri porro lætentur ſalutem. Ita vovet

ILLUSTRISSIMÆ EXCELLENTIÆ TUÆ

*Cliens obſequentiſſimus*

C. WOLFIUS.

# PRÆFATIO.

HÆc Aërometriæ Elementa ideo edere constitui, ut veræ Philosophiæ Tyronibus verioris Physicæ specimen aliquod non admodum difficile præberem. Ut igitur, *Lector Benevole*, de hoc instituto rectius sentire valeas, explicandum mihi statim in limine esse arbitror, tum quamnam Philosophiæ veræ in genere, atque verioris Physicæ in specie notionem habeam, tum qua methodo veram Philosophiam tractandam esse judicem. Philosophiam ego definire soleo per rerum possibilium, qua talium, scientiam. Philoſophi igitur eſt, non ſolum noſſe, quæ fieri poſſint, quæ non; ſed & rationes perſpicere, ob quas aliquid fieri poteſt, vel eſſe nequit. Scire enim eſt res per cauſas cognoſcere. Forſan hæc Philoſophiæ definitio nimis videbitur ſuperba, immo forte nonnullis prorſus impia. At hi erunt, qui Philoſophiæ rationalis verioris ne prima quidem elementa primis (quod ajunt) labris deguſtarunt. Alias namque ipſis conſtaret, definitiones nominales arbitrarias eſſe, nec quicquam ex ipſis efficaciter concludi poſſe, niſi earum realitas aliunde prius evincatur. Nulla profecto eſt conſequentia: Philoſophia eſt ſcientia rerum omnium poſſibilium; Ergo, qui Philoſophiæ nomen dedit, rerum omnium tum posſibilitatem intelligit. Nec minus fallit conſequentia: Philoſophiam per ſcientiam rerum omnium posſibilium definit; Ergo rerum omnium posſibilitatem à ſe intelligi, vel intelligi poſſe, prætendit. Etenim num intellectus humanus capax ſit Philoſophiæ, & quinam ſint ejus in ea percipienda limites, ex ipſis intellectus humani viribus & earundem ad res posſibiles relationibus demum deducendum. Alias profecto quilibet, cui eſt animus à præjudiciis & affectibus liber, ſatis perſpiciet, ex nulla alia Philoſophiæ definitione ſcientiarum humanarum imperfectionem evidentius demonſtrari, atque hinc multos ſcientia turgidos à faſtu ac ſuperbia ad humilitatem revocari poſſe. Licet vero definitiones nominales arbitrariæ ſint; nequaquam tamen putandum eſt, ſapientem definitiones nominales ſine ratione fingere. Oſtendam igitur, ſufficientem mihi eſſe rationem, cur Philoſophiam per rerum omnium poſſibilium, qua talium, ſcientiam definiam. Suppono enim, vocem Philoſophiæ ex omnium intentione complexum omnium veritatum deſignare debere, quæ in pluribus diſciplinis proponi ſueverunt. Jam, quæſo, quidnam eſt veritas? Aſſumo definitionem tritam: Eſt convenientia cogitationis cum objecto ſeu re cogitata. Quando vero cogitatio rei cogitatæ convenit? Si rem eſſe cogitas, atque ea exiſtat; ſi rei quidpiam ineſſe judicas, atque id ipſum ei inſit; ſi rei mutationem quampiam accidere poſſe exiſtimas atq; ea ipſi accidere queat ſi denique à re aliqua mutationem quandam in alia proficiſci poſſe putes, atque eadem proficiſci valeat. Quænam vero dicis poſſibilia?

Nonne quæ vel ſunt, vel eſſe poſſunt ? Veritates ergo tuæ ſunt cogitationes de rerum poſſibilitate. In ſcientiis igitur rerum poſſibilitati cognoſcendæ ſtudes. Mecum adeo generalem ſcientiarum, hoc eſt Philoſophiæ, notionem formaturus, Philoſophiam optime definies per rerum omnium posſibilium, qua talium, ſcientiam. Ex hac Philoſophiæ definitione generali ſingularum ejus partium definitiones haud difficulter deducuntur. Inde Phyſicam eſſe intelliges eam Philoſophiæ partem, in qua demonſtrandum, quicquid per vires corporum naturalium posſibile exiſtit. Quare cum notum ſit, vires corporum eſſe determinatas, nec quidlibet per quaslibet, nec quantumlibet per quantaslibet fieri poſſe, ſed vi unicuique proportionatum reſpondere effectum ; Phyſici inprimis

eſt,

eſt, vires corporum naturalium metiri, & leges, juxta quas effectuum quantitates computentur, ſtabilire. Cæterum ipſi quoque effectus corporum naturalium, hoc eſt, mutationes, quæ ex mutuo ipſorum conflictu in iis contingunt, non ſunt eædem; ſed una eademque vis corporis pro diverſa ſui applicatione atque diverſitate reſiſtentiæ ipſi factæ varios producit effectus. Applicatio vero vis corporum & reſiſtentiæ diverſitas à mechaniſmo, hoc eſt, ſtructura corporum pendet. Unde ulterius liquet, quod corporum ſtructuras ſcrutari, atque mechaniſmi leges generales, ſeu, quod perinde eſt, leges omnis motus generales eruere tenetur Phyſicus. Eſt adeo Dynamimetria ea Phyſicæ pars, quæ ante excoli debet, quam de veritatibus Phyſicis

cer-

certi quid ſtatuere datur. Cur enimPhyſica plerumque nonniſi hypothetica eſt? Non dubito, quin rem meditatus cauſam hanc deprehenſurus ſis, quod vires corporum metiri negligant Phyſicæ cultores, ab effectu certæ quantitatis ad effectum quantumlibet argumentantes, immo ſæpiſſime ab effectus ſimilitudine identitatem cauſarum concludentes. Hinc multa poſſibilia eſſe aſſumunt, quorum poſſibilitatem nulla ratione comprobare valent, immo quæ ſæpius revera impoſſibilia exiſtunt. Exemplis ut dicta confirmem,opus eſſe non videtur: innumera namque reperiet ſcripta Phyſica evoluturus. His defectibus medetur Dynamimetria, dum vires corporum accurate metitur,nec per eas poſſibilem admittit effectum, niſi quem iisdem

dem proportionatum demonſtrat. Atque hinc veritates Phyſicæ non ſecus ac Geometricæ experimentales evadunt. Demonſtrabimus e. gr. in Elementis noſtris, quod, ſi vas quodpiam non plenum invertatur, per orificium ejus exiguum aliqua liquoris in eo contenti portio effluere debeat, antequam reſiſtentia ponderis atmoſphærici effluxum impedire queat. Jam cum nobis cognitæ ſint vires ponderis atmoſphærici reſiſtentis, vires item elaſticæ aëris incluſi ac vis gravitans liquoris in vaſe contenti, methodum tradimus ex his datis quantitatem aquæ effluxuræ determinandi. Experimentum itaque capere licet circa quantitatem aquæ vaſe inverſo effluentis, atque ſic ſenſibus manifeſtatur, quod rationi perveſtigatum fuerat. Nemo vero mirabirabitur, quod materiæ vim quandam attribuam, quam vulgo ſcholæ mere paſſivam appellare ſolent. Etenim mortalium ſagaciſſimus *Leibnitius* hanc vim materiæ ineſſe, in Actis Eruditorum Lipſienſibus A. 1695 p. 145 & ſeqq. clariſſime oſtendit, eandemq; ingenioſiſſimus de *Tſchirnhauſen*, (cujus præmaturum obitum Reſp. litteraria merito luget) in Medicina Mentis part. 2 p. m. 180 agnoſcit, dum *extenſionem*, ait, *absque motu concipere juxta me repugnat:* cum enim, notante *Leibnitio*, l. c. p. 146 motus nunquam exiſtat, materiam cum motu concipere utique idem eſt ac materiæ vim quandam, à qua motus pendet, attribuere. Nec minus celeberrimus noſter *Hofmannus* jam dudum eandem perſpexit, atq; Medicinæ rationalis Studioſis in Academia noſtra publice privatimque comprobavit.

Quod

Qvod methodum attinet, qua universam Philosophiam, adeoque & Physicam pertractandam esse judico; non aliam, quam methodum Geometrarum scientiis convenire agnosco. Neque enim methodus Mathematica ideo Mathematica dicitur, quod disciplinis Mathematicis propria existit; sed quod hactenus Mathematici fere soli rebus suis decenter prospexerunt, reliquis per vastum veritatis pelagus incerto sidere navigantibus ventisque dubiis ratem committentibus. Probe autem tenendum est, quid methodus Geometrarum sibi velit, ipsiusque leges paulo penitius perspectæ esse debent. Non sufficit profecto, ut præmissis definitionibus & axiomatibus propositiones subjungas, horumque probationibus demonstrationum titulum præfigas, cæteroquin tum in istis, tum in his multa arbitrario assumas: verum alia re opus est, si Geometrarum methodum adhibere decreveris. Absit titulus definitionum & axiomatum, absit veritatum proponendarum in theoremata & problemata distinctio: nec horum titulorum absentia im-

impediet, quo minus methodum Geometrarum ſtricte obſervaveris. Leges enim hujus methodi adimplebis, modo rerum pertractandarum notiones diſtinctas ſatisque adæquatas præmittas; earundem realitatem ſeu posſibilitatem vel à priori, vel à poſteriori ſtabilias; & ex iis nihil deducas, niſi quod in iisdem evidentisſime contineatur; theorias demonſtratas ad problematum ſolutionem transferas, atque in hac ita te geras, ut non modo ſingulos actus ad opus propoſitum efficiendum requiſitos ordine recenſeas, ſed etiam ex demonſtratis antea theoriis evincas, factis iis, quæ in ſolutione præcipiuntur, fieri omnino debere, quod deſideratur. Negari tamen non poteſt, ſi quis more veterum Geometrarum unicuique veritati competentem definitionis, axiomatis, experientiæ ſeu obſervationis, theorematis, problematis, corollarii atque ſcholii titulum præfigat, ejus ſcriptum præ aliis inſignem prærogativam habeat. Etenim ex citatione ſtatim manifeſtum eſt, num aliqua veritas per intuitum, an per deductionem cognoſcatur;

&, si deductioni debeatur cognitio, quanto intervallo ab iis distet, quæ per intuitum cognoscuntur, an scilicet ex mere talibus fluat, quæ per intuitum cognoscuntur; an partim ex talibus, quæ per intuitum, partim ex talibus, quæ per deductionem innotuere. Id vero nosse, usu suo non caret. Discimus enim hinc, quæ tanquam certa supponenda sint, antequã veritatis propositæ animus convinci queat, atque hinc nec de rebus præcipitanter judicamus, nec cum aliis inutiliter disputamus.

Quemadmodum vero accurata virium cognitione dominium in res creatas acquiritur, cum iisdẽ ad determinatos effectus producendos uti liceat; ita structuræ corporum notitia Creatoris sapientiam, bonitatem atque potentiam egregie nobis manifestat. Nimirum perfectio creaturæ in harmonia essentiæ ipsius cum finibus ejus consistit: structuram vero corporum cum finibus eorundem conferentes deprehendimus eam istis pulcherrime convenire, atque adeo creaturam quamlibet habere perfectionem in suo genere summam.

Quam

Quam hactenus exposui Physicæ verioris ideam, quamque eidem convenire ostendi methodum, in concinnandis Aërometriæ Elementis attendendam esse duxi. Quantum vero scopo satisfecerim, judicent alii. Id tantum notari velim, me nonnisi virium rationem habuisse, ad structuram vero & finium considerationem hac vice non respexisse. Præterea observo, me prima saltem Aërometriæ elementa tradentem, quæ ex sublimioribus addi poterant, studio omisisse. Cæterum unicuique, quod suum est, tribuo: & si quando à viris egregiis dissentior, dissensus rationes expono. Absit vero, ut eorum famæ quicquam detractum iri velim. Utor subinde in solutionibus problematum analysi, cum potissimus mihi scopus fuerit pro ratione muneris mei, Matheseos in Physica veriore indispensabilem usum atque Algebræ ad quæstiones Physicas applicationem in facilioribus exemplis commonstrare. Dabam Halæ Magdeburgicæ die 12 Nov. 1708.

## *Ad Bibliopegum.*

Tabulæ æneæ sub finem libelli ita adaptandæ sunt, ut extra eum totæ evolvi queant.

## Bericht an den Buchbinder.

Die Kupffer müssen zu Ende des Buches dergestalt eingemacht werden / daß man sie gantz heraus schlagen kan. Und sollen selbige so eingeschlagen werden/daß sie zugleich mit dem Texte können beschnitten werden.

NB. Cum Plagula O præter opinionem à Typographis citius quidem, quam Figurarum numerus illi addi potuit, impressa fuerit, B. L. animadvertet, Figuram XXXIV paginæ 317 lineam 6, Fig. XXXV pag. 318, lin. 21, Fig. XXXVI & XXXVII simul pag. 320 lin. 21, Fig. XXXVI pag. 323 lin. 5. & pag. 326 lin. 16, Fig. XXXVII pag. 321 lin. 2. 7. 15. 16, pag. 322 lin. 1. pag. 323. lin. 19 & pag. 326 lin. 2. Numerum vero Figuræ XXXII in Plagula M. non additum pag. 286 lin. 4 respicere.

# AEROMETRIÆ ELEMENTA.

## DEFINITIO I.

AEROMETRIA eſt Scientia metiendi aërem.

## SCHOLION.

VOx SCIENTIA *mentis promptitudinem denotat ex principiis certis concluſiones deducendi, deductasque ad praxin dextre applicandi.*

## DEFINITIO II.

METIRI idem eſt ac quantitatem quampiam pro unitate aſſumere, aliarumque homogenearum ad eandem rationem inveſtigare.

## COROLLARIUM.

Cum quantitatis nomine veniat, quicquid augeri vel minui poteſt, ſeu quo majus atque minus concipere licet: omnia de aëre conceptibilia, quæ intenſitatis gradus admittunt, vel extensionis terminos habent, in numerum quantitatum referenda. Aërem itaque qui metiri intendit, non modo extensionem ejus juxta Geometriæ leges determinare, verum etiam gradus proprietatum ipsius accurate æstimare debet.

## SCHOLION I.

*Notionem actus metiendi generalem, quam dedimus, à quovis actu speciali abstrahere facile licet. Ponamus enim te panni longitudinem metiri. Hoc dum facis, ulnam ad diversas illius partes successive applicas, & quoties ipsius longitudo in panni longitudine contineatur, inquiris. Ulnæ igitur longitudinem pro unitate assumis, & ejus ad panni longitudinem rationem investigas. Jam vero ratio est affectio longitudinis, non qua talis, sed quatenus in quantitatum numero continetur, cum ex Mathesi universali constet, rationem esse generalem omnium quantitatum affectionem. Quamobrem pro longitudine ulnæ & longitudine panni quantitates homogeneas in genere substi-*

*ſubſtitue, habebisque notionem actus metiendi generalem in definitione præſente propoſitam. Cæterum ecce tibi methodum notiones generales formandi occaſione experientiarum ſingularium exemplo illuſtratam: quam tamen non eſſe unicam in Actis Eruditorum Lipſienſibus Anno 1707. p. 508. & ſeqq. monſtravi.*

## SCHOLION II.

*Ex ſubſequentibus patebit, quantum in eo poſitum ſit momenti, ut actus metiendi diſtinctam habeamus notionem Neque enim de perfe ctione methodorum aërem metiendi judicare poteris, niſi notionem iſtam & generales metiendi leges inde derivatas intuearis. Quoniam itaque Philoſophia prima notiones generales eorum, quæ omnibus entibus competunt, evolvere atque veritates univerſalisſimas, demonſtrationum in aliis diſciplinis contexendarum ſemina, ex iis deducere debet; non ideo abroganda, quod parum hactenus officio ſuo ſatisfecerint, qui illam tractaruut, ſed emendanda potius erit: ad quam emen-*

*dationem quod multum afferant adjumenti meæ de notionum formatione meditationes in Actis Lipsiensibus l. c. exhibitæ, vel ex scholio præcedente colligi datur. Hoc tamen labore ut quis cum laude fungatur, notiones juxta methodum præscriptam formare non sufficit; sed formatis notionibus utendum quoque est, deducendo nimirum ex iis, quicquid nobis tum ex singularum consideratione in se, tum ex earundem collatione inter se concipitur, deductasque theorias more Mathematicorum ad praxes applicando: cujus rei exemplum circa nostram actus metiendi notionem inferius occurret.*

## DEFINITIO III.

AER est corpus fluidum, quod in & supra Tellurem spatia ab aliis corporibus relicta, quæ vacua nobis esse videntur, occupat, nisi ab alio quodam impediatur.

## SCHOLION.

*Definitionem* Aëris *nonnisi nominalem tradere intendimus. Sufficit igitur exhibuisse notam, aëre præsente semper obviam, ex qua ejus præsentia certo colligi*

*potest*

*test. Deinceps autem dispiciemus, quaenam aliæ sint hujus fluidi proprietates & quomodo in earum notitiam deveniatur.*

DEFINITIO IV.

CORPUS FLUIDUM est, cujus partes minimæ sunt inconnexæ, mutua cohæsione à causa aliqua impedita.

DEFINITIO V.

ALTITUDO AERIS est recta à quocunque puncto in superficie aëris extima assumto ad lineam Horizontalem perpendicularis.

COROLLARIUM.

Quoniam ex Geographia constat, Tellurem esse corpus propemodum sphæricum, & lineam Horizontalem (Fig. I.) DE tangere peripheriam Telluris in A; ad punctum vero A semidiameter Telluris AC perpendicularis existit, *per 18. Elem. 3.* evidens est, aëris altitudinem AB, si ultra superficiem Telluris continuetur, cum semidiametro ejus AC coincidere.

SCHOLION.

*Dico Tellurem esse corpus propemodum*

*ſphæricum. Recentiorum enim Mathematicorum demonſtrationibus debetur, quod Tellus figuram ſphæroidis habeat. Vid. celeberrimus Newtonus in abſtruſo opere Princip Mathem. Philoſ. Natural. p. 422. & ſeqq. Hugenius in diſcurſu de cauſa gravitatis, qui Tractatui de Lumine ſubjungitur, p. 153. & ſeqq. atque Gregorius in Elementis Aſtron. Phyſic. & Geometr. f. 268. & ſeqq. Quoniam tamen* Hugenius *ſemidiametrum ſphæroidis terreſtris majorem ad minorem reperit ut 578 ad 577, ut adeo utriusque differentia ſit* $\frac{1}{578}$; *facile intelligitur, figuram Telluris ad ſphæricam ſatis prope accedere: Unde mirum non eſt, quod umbra Telluris in Eclipſibus Lunaribus circularis appareat. Quare nos etiam in Aërometria tuto ſupponemus, quod Tellus figuram ſphæricam habeat.*

## DEFINITIO VI.

GRAVITAS eſt vis qua corpus deorſum nititur verſus inferiora Terræ ſecundum lineam rectam ad Horizontalem perpendicularem.

DEFINITIO VII.

GRAVITATIO est pressura, quam corpus in aliud sibi subjectum vi gravitatis suæ exercet.

DEFINITIO VIII.

MOLES seu VOLUMEN est expansio corporis secundum longitudinem, latitudinem & profunditatem.

COROLLARIUM.

Invenitur adeo per regulas *Stereometriæ.*

DEFINITIO IX.

MASSA est quantitas materiæ cohærentis, hoc est, ejus quæ ad corpus quodlibet in esse suo constituendum concurrit; seu complexus partium minimarum, ex quibus corpus componitur.

DEFINITIO X.

DENSITAS est arctior partium minimarum corporis nexus.

DEFINITIO XI.

RARITAS est laxior partium minimarum corporis nexus.

COROLLARIUM.

Densitas igitur & raritas ex partium minimarum diſtantia æſtimanda, quæ minor in denſioribus, major in rarioribus.

DEFINITIO XII.

VIS RESISTENDI eſt, quæ in contrarium vis cujuscunque alterius agit.

DEFINITIO XIII.

COMPRESSIO eſt coarctatio maſſæ in minorem molem per impulſum aut preſſuram alterius corporis facta.

DEFINITIO XIV.

ELATER eſt vis, qua corpus compreſſum ceſſante vi comprimente ad eam reducitur molem, quam ante compreſſionem obtinuerat, aut certe ad majorem ea, quam in ſtatu compresſionis habuerat.

DEFINITIO XV.

DILATATIO eſt expanſio corporis in majorem molem, quam facta compreſſione obtinuerat.

DEFINITIO XVI.

CONDENSATIO eſt coarctatio maſſæ in minorem molem vi frigoris facta.

DEFINITIO XVII.

RAREFACTIO eſt expanſio maſſæ in majorem molem vi caloris facta.

DEFI

DEFINITIO XVIII.

THERMOMETRA ſunt inſtrumenta, quorum ope calorem ac frigus aëris metimur.

DEFINITIO XIX.

THERMOSCOPIA ſunt inſtrumenta, caloris ac frigoris in aëre incrementa & decrementa indicantia.

SCHOLION.

*Equidem vulgo voces* Thermometrum *&* Thermoſcopium *pro ſynonymis habentur. Nos tamen has voces ſedulo diſtinguimus, ne inpoſterum (quod vulgo fieri ſolet) pro iisdem habeamus inſtrumenta prorſus diverſa, nec porro obſervationes confundamus, factaque hac confuſione concluſiones erroneas ex iisdem deducamus.*

DEFINITIO XX.

BAROMETRA ſunt inſtrumenta, quibus gravitatem aëris metimur.

DEFINITIO XXI.

BAROSCOPIA ſunt inſtrumenta, quæ variationes gravitatis aëris confuſe indicant,

DEFINITIO XXII

HYGROMETRA ſunt inſtrumenta, quibus humiditatem & ſiccitatem aëris metimur.

DEFINITIO XXIII.

HYGROSCOPIA ſunt inſtrumenta, quæ variationes humiditatis & ſiccitatis in aëre indicant.

DEFINITIO XXIV.

MANOMETRA ſunt inſtrumenta, quibus denſitatem & raritatem aëris metimur.

DEFINITIO XXV.

MANOSCOPIA ſunt inſtrumenta, quæ variationes denſitatis & raritatis aëris indicant.

DEFINITIO XXVI

ANEMOMETRA ſunt inſtrumenta, quibus vehementiam ventorum metimur.

DEFINITIO XXVII.

VENTUS eſt agitatio aëris ſenſibilis,

DEFINITIO XXVIII.

CORPUS HOMOGENEUM eſt, cujus partes quantæcunque eandem habent texturam.

SCHO

## SCHOLION.

*Oritur autem textura ex partium minimarum combinatione.*

## AXIOMA I.

CORpora gravia alia quæcunque ipſis ſubjecta ſecundum lineas rectas ad Horizontalem perpendiculares premunt, idemque corpus grave æqualiter premit diverſa corpora, quæ ipſi ſucceſſive ſubjiciuntur, *vi def. 6.*

## AXIOMA II.

Partes corporum fluidorum facillime à ſe invicem ſeparantur, & tanto quidem facilius, quanto ſubtiliores fluidum habuerit partes minusque graves, *vi def. 4.*

## COROLLARIUM.

Ergo & moleculæ aëreæ à mutuo contactu facillime divelluntur, *per def. 3.*

## SCHOLION.

*Veritatem axiomatis experientiæ ubivis obviæ confirmant. Certe particulæ aquæ proprio pondere à reliquis ſeparantur, quod non modo guttarum deſtillatio, ſed & figu-*

*ræ vasis ambientis prompta assumtio abunde loquitur. In fluidis præterea rarioribus corpora specifice graviora celerius descendunt, quam in densioribus. Ut vero corpus descendere possit, partes fluidi contiguæ separari debent. Idem Igitur corpus grave cum eadem ratione premat fluida, in quibus descensum molitur,* per ax. I. *cur separatio eadem celeritate non ubique fiat, ratio esse nequit alia, quam quod partes unius fluidi minore, alterius vero majore vi à contiguitate separentur. Quoniam vero jam* Archimedes *in Tractatu de insidentibus humido prop. 7. lib. 1. demonstravit, corpus quodlibet in fluido specifice leviore tanta vi deorsum niti, quantus est excessus ponderis ipsius supra pondus fluidi mole eidem æqualis; non obscurum est, ad contiguitatem partium fluidi tollendam requiri vim gravitate fluidi mole corpori per ipsum descensuro æqualis paulo majorem. Cæterum hic porro probe notandum est, separationem particularum contiguarum fieri non posse sine eorundem motu locali, qui tanto celerior esse debet, quanto*

*majo-*

*re celeritate mobile per fluidum defertur. Quare cum mobile majorem vim particulis fluidi, quas expellit, imprimat, si majore, quam si minore celeritate per illud feratur; major quoque vis à mobili impenditur ad particularum fluidi separationem in casu priore quam in posteriore. Hinc corpus tardius per aërem motum nullam fere sentit renitentiam: ast si idem celerius moveatur, renisum experitur insignem. Illud etiam considerari meretur, quod si corpus movetur per fluidum densum, plures particulæ loco pellendæ sint, quam ubi per rarius fertur*, vi cor. def. 11. *Quoniam vero impetus singulis particulis expellendis imprimi debet, vis utique major requiritur ad resistentiam fluidi densioris superandam.*

## AXIOMA III.

Quo corpus est gravius, eo magis premit alia sibi subjecta.

## SCHOLION I.

*Est enim pressura effectus gravitatis*, per def. 7. *effectus vero esse viribus productricibus proportionales satis claret. Quan-*

*titas scilicet virium determinata est, ipsique certa effectus quantitas ex necessitate respondet. Quare si ponamus vim* V *ut* V, *seclusa omni vi reliqua sive adjuvante, sive impediente, producere effectum* A *ut* A; *etiam alia* V *ut* V, *hoc est alia vis æqualis, producet effectum* A *ut* A, *consequenter* mV *ut* mV *producet* mA *ut* mA (*ubi* m *denotat multiplum vel submultiplum ipsius* V). *Est vero* V : A = mV : mA. *Constat ergo propositum. Hæc propositio in Philosophia prima demonstrari debebat; cum adeo ex ea demonstrationes hactenus exulent, nos vero in posterum hoc principio ad præcipuas propositiones Aërometricas demonstrandas usuri simus, eam hic addere libuit, ne non satis peritis vacillare videatur. Fortassis etiam in gratiam tyronum, quorum conatus juvare intendimus, exemplo quodam demonstrationem abstractam illustrari convenit. Ponamus itaque vim gravitantem unius libræ, quatenus gravitat, hoc est, lancem, cui imponitur, deorsum premit*, per def. 7. *sustentare certam arenæ quantitatem in altera lance positam.*

*Nemo*

*Nemo dubitabit, quin alia plumbi massa unius itidem libræ in una lance posita sustentatura sit æqualem arenæ quantitatem in altera lance loco prioris collocandam. Nec porro hinc inferre dubitabit, pondus duarum librarum sustentare duplam; pondus trium triplam arenæ quantitatem, quam sustentaverat pondus unius libræ. Quod si vero jam pro pondere substituas* V, *pro effectu* A; *hoc est, pro pondere Vim in genere, pro sustentatione effectum in genere (quod facere licet, quia connexio inter gravitatem plumbi & sustentationem arenæ non est alia, nisi quæ inter vim productricem & effectum ipsius necessarium intercedit) demonstratio generalis paulo ante allata resultat.*

*Neque vero hæc uberius exposuisse piget, cum perspicacia ingenia facile animadversura sint, contineri in his methodum propositiones speciales ad universales revocandi, per quam mire & locupletatur, & una tamen ad angustiores terminos redigitur scientia nostra, numerum scilicet propositionum minuendo, earumque amplitudinem*

mire

*mire extendendo. Ad hanc utiliter respicient, quibus primæ philosophiæ emendatio cordi est.*

SCHOLION II.

*Juvabit in posterum hic annotasse, gravitates corporum (in eadem aut parum differente à Terræ centro distantia) esse massis eorundem proportionales. Iteratis experimentis pendulorum quam accuratissimis se semper id reperisse testatur* Newton *in Princip. Philos. Nat. Math. cor. 7. pro p. 24. lib. 2. p. 305. & Def. 1. p. 1. Demonstrationem exhibet* Johannes Keil *in Introduct. ad veram Physicam theor. 9. p. m. 99. & 100, atque inde infert, corporis cujusvis pondus ex aucta solummodo vel diminuta materiæ quantitate augeri vel minui, adeoque eadem manente materiæ quantitate idem manere pondus: quod omnino universaliter verum est, si abstrahatur ab imminutione ponderis a resistentia fluidi, in quo gravitat, vi prop. 7. lib. 1.* Archimedis *de insidentibus humido, profecta. Alias propositio fallere potest. Ponamus enim ex certa plumbi massa fieri sphæram concavam*

*cavam atque ex cavitate educi aërem: quod fieri posse inferius demonstrabimus. Sphæra hæc majorem ponderis sui partem in aëre amittit, quam massa plumbi solida. Ergo massa plumbi, hoc est materiæ quantitate*, per def. 9. *imminuta pondus plumbi mutatur. Dum vero laudatus Autor* p. 101. *inde vacui existentiam demonstrari contendit, quin paralogismum committat negari nequit.* „Ponamus, *inquit*, duos glo" bos, plumbi scilicet & suberis, æqualium" magnitudinum, si in utroque eadem es-" set materiæ quantitas, (per jam ostensa)" utrumque corpus æqualiter ponderaret;" nam materia subtilissima poros suberis" occupans æque ponderaret ac materia " plumbi ipsi æqualis; cum vero magnum " sit in duobus hisce globis ponderum di-" scrimen, magnum quoq; erit in iisdem " materiæ discrimen; & si plumbum sube-" re sit triplo gravius, triplo quoque ma-" jor erit in plumbo contenta materia, " quam in subere; adeoque plures erunt " in plumbo pori seu plura spatia absolu-" te vacua. Vacuum igitur non tantum " possi-

poſſibile eſt, ſed & actu datur." *Dico Autorem ita ratiocinantem paralogiſmum committere. Cum enim omnia corpora fluido ſubtilisſimo innatent, quod eorum poros penetrat, eam quoque ponderis ſui partem in hoc fluido amittunt, quæ gravitatem fluidi mole illis æqualis adæquat, per prop. Archimed. cit. unde impoſſibile eſt ut materia ſubtiliſſima intra poros corporum recepta in eadem materia natantium pondus augeat: quemadmodum aqua vaſis, quod replet, pondus intra aquam augere nequit.*

AXIOMA IV.

Quamdiu dilatatio per elaterem facta eadem eſt, elater quoque immutatus ſit neceſſe eſt; quod ſi vero elater majorem dilatationem produxerit, creviſſe; ſin minorem, decreviſſe cenſendus eſt, *vi def. 14. & ſchol. 1. ax. 3.*

AXIOMA V.

Menſura caloris ac frigoris, gravitatis item ac levitatis, humiditatis & ſiccitatis, raritatis & denſitatis aëris, eſſe debet vel gradus aliquis caloris aut frigoris, gravitatis

tatis aut levitatis, humiditatis aut ſiccitatis, raritatis aut denſitatis, vel effectus aliquis ſenſibilis à calore aut frigore, humiditate aut ſiccitate, raritate aut denſitate aëris pendens.

SCHOLION I.

*Veritas axiomatis liquet* ex def. 2. *Cum enim menſura ſit quantitas aliqua pro unitate aſſumta, ad quam aliarum homogenearum inveſtiganda eſt ratio; vel ipſæ aëris proprietates homogeneæ, ſed gradu differentes inter ſe comparari debent, vel, ſi hoc commode fieri nequeat, comparatio inter alia, quæ in eadem cum iſtis ſunt ratione, inſtituenda eſt. Sunt vero effectus viribus productricibus proportionales*, per ſchol. 1. ax. 3. *perinde igitur eſt, ſive res ipſæ, ſive earundem effectus neceſſarii inter ſe comparentur. Si enim e. gr. effectus fuerint ut 1 ad 2, etiam vires productrices cauſarum eorundem effectuum erunt ut 1 ad 2. Hinc in genere effectus virium productricium menſuræ conſtitui poſſunt, atque ita e. gr. vis motrix lapidi impreſſa recte æſtimatur ex altitudine, per quam hac vi aſcendit.*

SCHO-

## SCHOLION II.

*Quoniam vero complura cum cura observari merentur, si loco virium productricium effectus illis debiti comparentur, quibus in posterum ad rem nostram utemur, nec tamen ea in Philosophia prima, hodie tantum non ubique prorsus neglecta, pertractari solent: quædam hic ulterius annotanda nobis veniunt, quæ hunc casum concernunt. Nimirum si à ratione effectuum ad rationem virium productricium, aut causarum iis præditarum concludere velis, necesse est, ut effectus vel causam solitariam agnoscant, vel ut causæ sociæ semper uniformiter agant, vel ut sciatur quomodo effectus propositus inter plures causas distribuendus. Singulos hos casus uberius explicari prodest.*

## SCHOLION III.

*Ponamus itaque effectum aliquem semper agnoscere eandem causam eamque solitarie agentem. De hoc casu manifestum est valere theorema: Effectus esse viribus productricibus proportionales. Etenim effectus integer debetur causæ ut integræ,*

&

*& submultiplum quodcunque ut similiter submultiplæ: ergo & multiplus effectus convenit similiter multiplæ.*

SCHLION IV.

*Si jam plures causæ ad eundem effectum conspirent, effectus uni debetur saltem ex parte. Quod si contingat effectum* E+e *deberi causis* C & c *ut* C & c, *& in effectu multiplo* mE + me *causarum vires fieri* mC+mc; *erit* mE+me: E+e=mC+mc: C+c, per schol 1. ax. 3. *Sunt ergo tum effectus integri ut* 1 *ad* m; *tum vires causarum junctim ut* 1 *ad* m. *Sed si* C *causatur* E, m C *causabitur* mE; *similiter si* c *causatur* e, mc *causabitur* me, per hypoth. *Ergo etiam sunt effectus partes causis uniformiter influentibus debitæ, ut* 1 *ad* m, *simulque causarum separatarum vires ut* 1 *ad* m. *Quamobrem habetur ratio virium alterutrius causæ data ratione effectuum integrorum.*

SCHOLION V.

*Idem sentiendum est, si vires alicujus causæ uniformiter impediantur per vires con-*

*contrarias alterius. Sit causa productrix* C, *impediens* O, *effectus integer* E, *pars effectus impedita* P, *erit effectus viribus* C—O *debitus* E--P, *&* *in effectu multiplo* mE--mP *causæ vires fient* mC--mO. *Cum adeo sit* mC—mO: mE—mP = C—O : E—P, per schol. 1. ax. 3. *erunt denuo & vires & effectus ut* 1 *ad* m. *Talis vero foret ratio, si vires impedientes abessent, etenim si* C *causaretur* E, mC *causaretur* mE. *Data igitur effectuum observandorum ratione, datur quoque ratio virium causæ productricis.*

SCHOLION VI.

*Denique si causæ diversæ in eundem effectum quomodocunque influant, non tamen uniformiter, & sciatur, quomodo effectus inter plures causas distribuendus; tunc non integri effectus, sed partes uni causæ debitæ inter se comparantur, ut habeatur ratio virium. E. gr. Inferius demonstrabitur elevationem Mercurii in tubo vacuo gravitati aëris deberi, consequenter ejus decrementa & incrementa esse decrementis & incrementis gravitatis*

*aëris*

*aëris proportionalia, nisi alterius causæ influxus irregularitatem inducat. Demonstrabitur autem porro incrementa istius elevationis subinde etiam à calore aëris sive ex toto, sive ex parte proficisci. Quodsi igitur sciatur, quanta incrementi illius pars calori debeatur; id minime obstabit, quo minus elevatio Mercurii in tubo vacuo pro mensura gravitatis aëris haberi queat.*

## AXIOMA VI.

Si vis premens aut impetum faciens & vis resistens æquales fuerint, nullus subsequitur motus; sed corpus impetum faciens aut premens juxta corpus resistens quiescit.

### COROLLARIUM I.

Resistentia tollit in agente vim sibi æqualem.

### COROLLARIUM II.

Æquales adeo nisus contrarii se mutuo tollunt.

### COROLLARIUM III.

Si causis æqualium virium iisdem viribus resistatur, effectus æquales erunt.

AXIO-

AXIOMA VII.

Si vis resistens minor fuerit vi premente aut impetum faciente, corpus quod resistit cedit vi prementi aut impetum facienti.

COROLLARIUM I.

Jam cum cedere nequeat sine loci mutatione quacunqne facta, in hoc casu producitur motus versus terminum directioni resistentis oppositnm.

COROLLARIUM II.

Ergo si resistentia fuerit nulla, effectus nisui corporis conveniens necessario sequitur: si minor, effectus sequitur conveniens excessui nisus supra vim resistentem *per cor. 1, ax. 6.*

AXIOMA VIII.

Si corpus dilatatur, rarius evadit, si comprimitur densius.

SCHOLION.

*Si enim dilatatur, massa ejus in majorem molem expanditur.* per def 15. *Ergo molecularum minimarum distantia augetur, consequenter corpus redditur rarius,* per def. 11. cor. *Contra si comprimitur,*

*tur*, *massa ejus in minorem molem coarctatur*, per def. 13 *Ergo molecularum minimarum distantia minuitur*, *consequenter corpus redditur densius*, per def. 10.

## COROLLARIUM.

Si igitur corpus rarius evadit, majus spatium occupat, quam ante occupaverat *per def.* 15. & contra.

## AXIOMA IX.

Densitates corporum sunt reciproce ut aggregata ex distantiis molecularum minimarum.

## SCHOLION.

*Æstimatur nimirum densitas ex molecularum minimarum distantiis*, per cor. def. 11. *Si distantiæ istæ in uno corpore sint subduplæ distantiarum in altero*, *hujus densitas densitatis illius dupla existit*.

EXPERIENTIA.

Promove celeriter manum per Spatia, quæ vacua esse videntur, faciem versus; impetum quendam in eam fieri animadvertes, utut manus ipsam non contingat.

COROLLARIUM.

Necesse est adeo, ut interstitia inter corpora terrestria, quæ vacua esse videntur, materia quadam repleantur, cujus partes sint admodum subtiles, cum non videantur, & inconnexæ, cum motum corporum non impediant. Spatia igitur in & supra Tellure ab aliis corporibus derelicta fluidum aliquod subtilissimum occupat, *per def. 4.* hoc est, aër datur, *per def. 3*

EXPERIENTIA II.

*Gallilæus à Gallilæis* assumsit lagenam vitream satis capacem & collo angusto instructam, eique coriaceum applicavit operculum, ut, tubulo per ejus summitatem firmiter infixo, duplam aut triplam aëris quantitatem ope syringis in illam intrudere posset. Cum tubulo clauso pondus lagenæ examinaret, auctum id deprehendit: ubi vero tubulum rursus aperuisset

ſet aërem erumpere animadvertit, & lagena ad bilancem denuo examinata eodem pondere gaviſa eſt, quod ante aëris immiſſionem obtinuerat.

COROLLARIUM I.

Quoniam in lagenam plus aëris intrudi poterat, quam ante capiebat; evidens eſt aërem in minorem molem coactrari poſſe, quam naturaliter obtinet. Comprimi ergo poteſt, *per def. 17.*

COROLLARIUM II.

Cumque tubulo operto rurſus egrediatur aër, ipſoque egreſſo pondus priſtinum recuperet lagena, quod ante compreſſionem aëris in ipſa factam habuerat; certo hinc intelligitur, tantum præciſe aëris rurſus egreſſum, quantum intruſum fuerat. Aër itaque compreſſus ad priſtinam expanſionem redit, ſi vis comprimens aut expanſioni reſiſtens removeatur, adeoque elatere gaudet, *per def. 14.*

COROLLARIUM III.

Certum itaque compresſionis indicium eſt, quod aër intra vas quoddam magis compreſſus ſit quam externus, ſi orificio ejus aperto cæteris paribus aëris quædam portio egredi obſervetur.

COROLLARIUM IV.

Denique quia pondus vaſis augetur, ſi aër intra ipſum comprimitur; maſſa aërea niſum exerceat opus eſt deorſum juxta lineas rectas ad Horizontem perpendiculares, ex natura ponderis ad bilancem appenſi. Gravis ergo exiſtit, *per def. 6.*

COROLLARIUM V.

Premit adeo Corpora ſubjecta ſecundum lineas rectas ad Horizontem perpendiculares, *per ax. 1.*

EXPERIENTIA III.

Paretur tubus oblongus (Fig. II.) AB, cujus altitudo 32 pedes Rhenanos excedat, quique in C epiſtomio inſtructus. Ubi verticaliter erectus fuerit, pars ejus inferior cum epiſtomio C intra aquam in vaſe GH contentam demergatur, totusque tubus per orificium ſuperius B aqua repleatur. Quodſi orificio B aperto epiſtomium aperias, aqua tota per orificium inferius A uno fere momento cum inſigni impetu effluit; ſin obturato orificio B, ne ullus aëri intra

intra tubum ingressus pateat, epistomium C aperias; aqua usque ad D descendet ac in altitudine 31 pedum Rhenanorum ultra libellam aquæ in vase GH contentæ pendula hærebit.

COROLLARIUM

Quoniam aqua intra tubum AB pendula in aquam in vasculo ipsi subjectam gravitat, *per def. 7.* nec tamen descendit; per *principia hydrostatica* necesse est, ut, si aqua in vasculo contenta in istiusmodi columnas divisa concipiatur, qualis est, quæ tubo AB subjacet, singulæ æquali vi premantur. Jam vero circa tubum superficiei aquæ incumbit aër, *per cor. exp. 1.* & in ipsam gravitat *pet cor. 4. exp. 2.* Columna igitur aërea â superficie aquæ in vasculo contentæ usque ad extremitatem atmosphæræ extensa eandem habet gravitatem cum cylindro aqueo super eadem basi, sed altitudinis 31 pedum Rhenanorum.

SCHOLION I.

*Primus id animadvertit hortulanus quidam Florentinus, aquam in antlia tractoria ultra 18 cubitos attolli non posse miratus,*

*tus, atque cum Gallilæo phœnomenon insperatum communicavit ipse causam ejus ignorans: quemadmodum refert* Dalencé *in Tractatu de Barometris p. m. 9. & ipse* Gallilæus *innuit in Dialog. 1. de Mechanica p. m. 15. & 16. Iterarunt hoc experimentum complures: quos inter* Otto de Guericke *in experimentis de vacuo lib 3. cap. 21. f. 101.* Sturmius *in Collegio Curioso part. 1. Tent. VII. p. 41. &* Mariotte *in Tractat. de motu aquarum part. 2. disc. 1. p. 91. Reperit ille altitudinem aquæ intra tubum 19 vel 18 ulnarum Magdeburgensium; is 31 pedum Rhenanorum; hic 32 pedum Parisiensium.*

SCHOLION II.

*Cæterum quando experimentum instituitur orificium tubi inferius A ideo intra aquam demergitur, ne aëri per illud juxta aquam effluentem intra tubum aditus pateat. Unde aqua non effluit, si vase GH cum aqua remoto folium chartaceum orificio A applices, quod, ubi circa peripheriam orificii madorem imbibit, firmiter eidem adhæret. Idem succedit in vase quocunque alio quantumvis amplo.*

SCHO-

## SCHOLION III.

*Notabilis est circumstantia, quam consignavit* Mariotte *l. c. quo scilicet aqua epistomio in B aperto, in tubo 40 pedum Pariensium ab initio per 12 descenderit, dein rursus ad eam altitudinem ascenderit, in qua pendula substitit. Nobis hæc causa esse videtur. Aqua dum descendit, impetum acquirit, consequenter non solum vi gravitatis, sed & impetu acquisito aquam descensui ejus renitentem loco expellere nititur. Aër vero eandem aquam sola vi gravitatis repellit. Quare minor columna aquæ cum pondere atmosphærico æquilibrium efficit, quam si ista sola vi gravitatis in aquam in vasculo contentam ageret*, per ax 6. *Enimvero ubi impetus tandem eluditur, columna aquæ in tubo minus premit aquam subjectam in vasculo, quam pondus atmosphæricum. Prævalet ergo hoc adversus istam*, per ax. 7. *adeoque aquam in tubo ad ascensum urget*, per cor. ax. cit. *donec gravitas ejus ponderi atmosphærico æquilibretur*, per ax. 6. *Hæc eadem causa est, cur sub initium aquæ superior superficies intra tubum huc illucque fluctuet*, *notantibus eodem* Mariotto l. c. p. 92. & Jacobo Leupold *in Antlia pneumatica illustrata cap. 9. pag. 26.*

## EXPERIENTIA IV.

Ubi aqua in experimento antecedente ad certam aliquam altitudinem intra tubum subsistit, multæ per aquam bullulæ ascendere observantur, quæ circa inferiorem tubi partem minores sunt, at in superiore sensim sensimque crescunt, donec ad superficiem aquæ delatæ in vacua tubi parte evanescant: quod dum contingit, aqua in tubo sensim sensimque descendit, donec bullarum ascensu finito per aliquot pedes infra pristinum terminum delapsa subsistat. Annotat quædam de hoc bullarum ascensu *Mariotte l. c. p. 91.* accuratius vero phœnomeni hujus circumstantias describit laudatus ante *Leupoldus l. c.* Deprehendit autem in tubo vitreo, cujus longitudo erat 20 ulnarum seu 40 pedum, diameter unius digiti, aquam primum descendisse ad altitudinem 16 ulnarum seu 32 pedum; dein infra hunc terminum per 4 circiter pedes depreſſam fuiſſe.

SCHOLION I.

*Aliunde ſatis probatur, bullulas iſtas eſſe veſiculas aqueas ab aereis machinulis elaſticis expanſas. Similes enim bullulas per aquam aſcendentes videre eſt, ſi aërem per exiguam fiſtulam ſtramineam in aquam inſles.*

COROLLARIUM I.

Aqua intra tubum â preſſione ponderis atmoſphærici liberata, bullulæ aſcendunt, *vi exp. præſ.* Aſt bullulæ iſtæ ſunt veſiculæ aqueæ ab aëris machinulis elaſticis expanſæ, *per ſchol. 1. ej.* Latet igitur aër intra aquam, isque compreſſus, *per def. 15.*

COROLLARIUM II.

Et quoniam moleculæ aëreæ ex aqua egrediuntur, dum ea â pondere atmoſphæræ incumbentis liberatur; evidens eſt aërem intra aquam comprimi â pondere aëris incumbentis.

COROLLARIUM III.

Quia moleculæ aëreæ veſiculas expandere nequeunt, niſi particulas aquæ â mutuo contactu divellant; vis elastica machinularum aërearum intra aquam compressarum major est glutinositate aquæ, seu vi potius particularum aquearum contiguitatem producente, *per ax.* 7.

COROLLARIUM. IV.

Cum tamen vis elastica vesiculas aqueas intra aquam nonnisi expandat, in superficie autem ejus tandem disrumpit; ipsum pondus aquæ incumbentis, per quam ascendunt bullulæ, elaterio aëris vesiculis aqueis inclusi resistit, *per def.* 12.

COROLLARIUM V.

Dum vero vesiculæ in superficie aquæ disrumpuntur, aër in parte tubi vacua supra aquam colligitur; qui cum gravitet in corpora subjecta, *per cor.* 2. *exp.* 2. aquam in tubo contentam premat necesse est, *per ax.* 1.

SCHOLION II.

*Demonstrabitur autem inferius, aërem istum non modo vi gravitatis, sed & vi elaterii premere aquam objectam in tubo contentam.*

SCHO-

## SCHOLION III.

*Cum diſruptionis bullarum injectâ fuerit mentio, quæ in bullis majoribus ex aqua ſaponaria flatu oris mediante fiſtula ſtraminea formatis experti ſumus, hic commemorare libet. Primum itaque advertimus, cauſam disruptionis non extra bullam, ſed intra ipſam quæri debere, cum in bullarum diſruptione partes diſſilientes cum impetu quaquaverſum excutiantur: id quod non ſolum teſtatur ſenſus â particulis in faciem impingentibus excitatus, ſed & maculæ corporibus circumcirca poſitis copioſe per unius bullæ diſruptionem adſperſæ. Accedit ulterius, quod vis exterius premens particulas aqueas comprimat. Cum enim fiſtulam verticaliter erigerem, ita ut bulla alteri ejus orificio adhæreret, ſenſim ſenſimque contracta eſt, donec in guttulam abiret per aërem decidentem: id quod etiam eveniebat, ſi ex bulla hunc in modum ſuſpenſa per fiſtulam aërem in os reducerem. Attentius vero bullas disſilituras conſiderans didici in ipſis multa aſcendere corpuſcula figuram anguillarum & globulorum referentia, tanto qui-*

*dem plura, si bulla orificio vasculi aqua saponaria pleni insidet. In summa bullarum parte tubuli inflexi & globuli planum circulans variis coloribus præditum constituebant, in quo mox maculæ obscuræ atque rotundæ cooriebantur, liquore intus ad latera bullarum defluente. Maculis copiosioribus factis ac in grandiores præsertim excrescentibus, bulla tandem disrupta intuentis faciem undiquaque conspersit. Enimvero cum bulla ab orificio tubuli straminei perpendiculariter erecti penderet, &, quemadmodum ante dixi, moles ejus successive decresceret, in guttam abituræ; nihil istius motus intra eam observari datum est. Ex his igitur circumstantiis jure mihi inferre videor, istos tubulos varie inflexos istosque globulos esse particulas aqueas ab aëre incluso expansas, cujus elaterio ubi in summa bullarum regione disrumpuntur, aër in superiore loco permanet, ast guttulæ aqueæ collectæ refluunt. Aëris congregati elater adversus bullarum tenacitatem tandem prævalet, easque disjicit. Num in bullulis minoribus eadem contingant, prorsus decidere*

*non*

*non audeo. Quodsi tamen materiæ à natura institui solitam divisionem in moleculas infinite exiguas meditemur, atque una perpendamus, quod modus oprrandi in minimis, idem deprehendatur plerumque, qui in magnis corporibus observatur: affirmativa sententia non prorsus improbabilis videtur. Ne autem ea admissa simul progressus quidam in infinitum admittendus sit; omnino statuendum est, dari bullulas, quæ ab elaterio aëris inclusi rumpuntur sine ulla ipsius ex aliis bullulis minoribus in summa bullulæ regione collectione. Enimvero has meditationes in præsente continuare non licet, ubi tantum obiter earundem quædam semina spargere libuit.*

## EXPERIENTIA V.

*Evangelista Torricellius*, discipulus *Gallilæi*, anno 1643. experimentum tertio simile circa suspensionem Mercurii in tubo vacuo cepit. Assumsit scilicet tubum vitreum quatuor circiter pedes longum, cujus alterum orificium (Fig. III.) A erat apertum, alterum B hermetice sigillatum, eumque Mercurio adimplevit & verticaliter erectum intra Mercurium in vasculo CD stagnantem demersit: quo facto Mercurius ad E delapsus, reliqua columna AE ad altitudinem 28 circiter digitorum Rhenanorum ultra libellam Mercurii in vasculo extensa.

SCHOLION I.

*Equidem ex* cor. exper. 3. *abunde liquet, suspensionem Mercurii in tubo Torricelliano aëris gravitati deberi: quo minus tamen dubii restaret, viri docti atque ingeniosi,* Sturmius *in Colleg. Curios. part.* 1. *Tent.* 3. §. 11. *p.* 17. Borellus *in Tract. de motionibus naturalibus â gravitate pendentibus prop.* 102. *p. m.* 134. & Mariotte *in Tentamine de Natura Aëris p.* 7. & 8. *aquam Mercurio in vasculo stagnanti affuderunt & quantitati aquæ proportionaliter Mercurium in tubo* AB *altius ascendere notarunt. Calculum inferius explicaturi sumus.*

SCHOLION. II.

*Non igitur obstat phœnomenon extraordinarium Mercurii ad multo majorem altitudinem in fistula Torricelliana penduli.* Hugenius

genius *scilicet tubum* AB *aqua ab aëre per methodos inferius explicandas expurgata repleverat, atque sub recipiente evacuato suspensam manere didicerat: quod experimentum cum in Societ. Regia Anglic. in Mercurio tentarent* Vice-Comes Brounker *atque* Boyle *anno 1662. & 1663, sæpiusque postea alii in aperto aëre id capere conarentur; hydrargyrum ad digitos 40. 50 60, immo 72 per aliquot dies suspensum consistere, ast concussione facta ad solitam 29. digitorum circiter altitudinem statim præcipitari notarunt. Videatur* Wallisius *in Mechanica cap. 14 prop. 13 f. 1050. & 1051 Vol. I. oper. Mathemat. Idem non simplici vice iteratum in Academia Regia Scientiarum Parisina. Videatur du Hamel in Philos Vet. & Nov. Tom. 4. Phys. General. Tract. 2. dissert. 3. cap ult. p. m. 251. & seqq. Conf.* Mariotte *in Tract. de Nat. Aëris p. 156. & seqq. Inprimis autem notandum est, quod, teste* Hookio *in operibus posthumis f. 365. & seqq. ubi concussione facta ad solitam altitudinem Mercurius delapsus, tubus omnia tubi Torricelliani phœnomena inferius describenda da exhibeat. Cauſam Phyſicis diſcutiendam relinquimus. in qua tamen asſignanda nondum conveniunt, ſicuti ex allegatis Autoribus apparet.*

SCHOLION. III.

*Diximus tubum Torricellianum ſuperius hermetice ſigillatum eſſe debere. Sigillatur autem hermetice, ſi flamma lampadis flatu per tubulum vehementius emiſſo in alteram tubi extremitatem agatur, ut vitrum colliqueſcat. Inprimis hic notandum, quod ſigillum hermeticum non nimis craſſum eſſe debeat: alias enim Mercurius infuſus illud facile abrumpit.*

EXPERIENTIA VI.

*Franciſcus Tertius de Lanis* aquam 528. granorum per tubulum gracilem in 200. gradus diviſum globo infudit, donec in tubulo ad certum gradum pertingeret. Cum jam aqua per horam fere integram radiis Solis Meridiani Solſtitio æſtivo urgeretur, nunquam altius aſcendit niſi 20. gradibus. Aquæ refrigeratæ tantam quantitatem eduxit, quanta 20. graduum ſpatium occupabat, invenitque pondus ejus 10. granonorum. *Vid. Magist. Nat. & Art. lib. 8. c. 1. §. 55. f. 343. Tom. 2.*

COROLLARIUM.

Patet ergo aquam rarefieri, *per def. 17.*

EXPERIENTIA VII.

Cum *Academici Florentini* globo cryſtallino, cujus diameter erat $\frac{1}{8}$ ulnæ Florentinæ, quique tubo tenui in minimos gradus diviſo & $1\frac{1}{2}$ ulnam longo inſtruebatur, aquam infunderent, donec ad ſextam colli partem pertingeret, eumque glaciei ſale conſperſæ immergerent, aquam ſub iſto aſcendentem notarunt. Aſt mox motu moderato deſcendentem obſervarunt, donec ad certum gradum pertingeret ibique quiesceret. *Vid. de Lanis L. c. §. 10. f. 330.*

COROLLARIUM.

Patet ergo, aquam condenſari, *per def. 16.*

EXPERIENTIA VIII.

Si phiala vitrea AB (Fig. IV.) fiſtula gracili AC inſtructa & aqua aliove liquore ad D usque repleatur, hinc aquæ calidæ immittatur,

tatur, liquor ab initio ex D in E descendet. Ast si in frigidam demergatur, ab initio ex D in F ascendit.

COROLLARIUM I.

Quoniam phiala in aquam calidam demersa liquor descendit, aut mutatio aliqua in liquore per actionem caloris contingit, aut in vitro. Sed calor liquorem rarefacit, *per cor. exp. 6.* Si itaque mutatio in liquore contingeret, liquor non descenderet, sed potius ascenderet, *per def. 17.* Mutatio igitur in vitro contingit. Enimvero quoniam liquor quantitate ejus imminuta descendit, necesse est, ut per actionem caloris capacitas vitri augeatur. Vasa itaque vitrea rarefiunt, *per def. cit.*

COROLLARIUM II.

Similiter cum phiala in frigidam demersa liquor ascendat, aut liquoris moles augetur, aut vitri capacitas minuitur. Sed liquores condensantur, *per cor. exp. 7.* adeoque frigus molem eorundem minuit, non auget, *per def. 16.* Quamobrem vitri capacitas minuatur opus est, consequenter vitrum condensatur, *per def. cit.*

SCHO-

## SCHOLION. I.

*Non licet objicere, si calor aquæ liquorem atque vitrum rarefaciat, ipsum non descendere, sed potius ascendere debere: nullum quippe dubium esse, quin rarefactio major in liquore, quam in vitro contingat, cum liquor à calore ultra suum terminum per intervallum satis notabile provehatur*, per exp. 6. *Etenim calor primo in vitrum agit, per quod ad liquorem transit; dein demum in liquorem. Unde vitrum rarefit, antequam liquor rarefiat, ad quem calor copiosius pertingere nequit, nisi vitri poris ampliatis. Similiter frigus in vitrum prius agit, quam in liquorem Quare & vitrum condensatur, antequam liquor condensari queat.*

## SCHOLION. II.

*Qui sensuum, quam rationis judicio stare malunt, illi expendant experimentum, quod refert Franciscus Tertius de Lanis in Magist. Nat. & Art. Tom. 2. lib. 8. c. 1. §. 36. f. 341. & 342.* Incluserunt, *inquit* Flo „ rentini Academici globo vitreo aqua ple-„ no plures globulos ex materia vitrea va-„ cuos

„cuos & omnino clauſos, ita tamen at-„temperatos, ut eorum gravitas ſpecifica „vix tantillo ſuperaret gravitatem aquæ, „aut ab ea deficeret; ex quo fiebat, ut „globuli, qui aqua leviores in eadem ſu-„pernatabant, modico calore eidem aquæ „accedente, ſtatim in illa mergerentur; illi „vero, qui in fundo hærebant, modico ad-„moto frigore in altum aſcenderent. Hoc „igitur inſtrumento in aëre ſuſpenſo & „globulis in eo quieſcere permisſis, inferi-„ori ejus parti admovebant catinos modo „aqua calida plenos, modo frigida, vel et-„iam nive ſali permixta. Quamvis autem „aqua in ſubtili vitrei vaſis collo deprime-„retur admota aqua calida, aſcenderet ve-„ro admota frigida, ſtatim ac ſcilicet vas ei „immergebatur; nunquam tamen conti-„giſſe viſum eſt, ut globuli aſcenderent „tunc quando aqua in collo deſcen-„dens condenſari videbatur, aut tunc „deſcenderent, quando aqua in collo aſcen-„dens videbatur rarefieri; ſed potius ob-„ſervabant globulos ſupernatantes deſcen-„dere tunc, quando aqua admoto calore

poſt

poſt primam depreſſionem iterum in col-„ lo aſcendebat; globulos vero in fundo„ hærentes tunc ſolum aſcendere, quando„ aqua poſt ſaltum factum admoto frigore„ iterum in collo deprimebatur. *Hoc ex-„ perimentum ex eorum numero eſt, quæ„* Verulamius *lib. 2. Novi Organi* § *36. f. m. 369.* Inſtantias crucis, *item* deciſorias & judiciales *appellat. Etenim ſi aqua rare-ſit, maſſa ejus per majorem molem expandi-tur, quam antea obtinuerat*, per def. 17. *Particulæ igitur minimæ laxiorem nanci-ſcuntur nexum, conſequenter aqua reddi-tur ſpecifice levior. Quamobrem globuli, qui vix tantillo gravitatem aquæ ſuperant, aut eandem fere cum ipſa gravitatem ſpeci-ficam habent, aqua ſpecifice leviores eva-dunt, minimum eandem cum ea gravitatem ſpecificam nanciſcuntur: in priori adeo ca-ſu deſcendent, in poſteriore non quidem de-ſcendent, ita tamen demergentur, ut ex humidi ſuperficie nihil extet*, per prop. 3. & 7. lib. 1. Archimedis *de inſidentibus humi-do. Neutrum vero contingit, quando a-qua in collo aſcendit, quam primum phiala* fri-

*frigidæ immergitur. Aſcenſus itaque aquæ cauſa non in rarefactione aquæ, ſed condenſatione vitri quærenda: Eadem ratione ex allato experimento deducitur, deſcenſus aquæ cauſam, dum phiala calidæ immittitur, non in condenſatione liquoris, ſed rarefactione phialæ collocandam eſſe.*

## SCHOLION III.

*Neque vero mirum videri debet, vitrum rarefieri ac condenſari: ut enim taceam, hanc rarefactionem ac condenſationem etiam aliis occaſionibus obſervari (quorſum ſpectat, quod Boyle in Hiſtoria Frigoris Tit. 19. refert, calido æſtatis tempore obturacula vitrea lagenarum ita intumeſcere, ut ſatis promte removeri nequeant, notantibus Collectoribus Actorum Lipſienſium A. 1693. p. 303.) ejus ratio à priori ſatis patet. Conſtat nimium ex Phyſicis, ignis particulas eſſe corporeas adeoque exigere ſpatium aliquod, per quod extendantur. Quodſi itaque complures in poros, corporum ipſis contiguorum intrudantur, eos neceſſario ampliant, conſequenter maſſam corporum per ma-*

*majorem molem expandunt. At frigus calore corpora privat. Sublata ergo causa distensionis pororum, pori rursus coarctantur.*

## SCHOLION IV.

*Cæterum hoc phænomenon primus advertit Serenissimus Princeps* Leopoldus ab Etruria, *sed causam primus reddidit* Borellus *in Tract. de percussionis Vi prop. 105. p. m. 187. & seqq.*

## EXPERIENTIA IX.

Funem cannabinum ex duplici filo contortum humectavimus & longitudinem ejus notabiliter minui animadvertimus: ubi vero denuo exiccabatur, ad pristinam redibat dimensionem. Multo autem brevior evadebat, ubi sub aqua per aliquot tempus ipsum detinueramus. *Schvventerus*, Mathematum quondam in Academia Altorfina Professor, *in Geometria practica p. m. 381.* auctor est, cum exercitiis Geometricis in gratiam auditorum suorum in campo operam daret, rore circa vesperam campos irrigante, intra unius horæ Spatium funem 16. pedum ad dimensionem 15. redactum

redactum fuiſſe. Et *Guilielmus Molyneux*, Armiger atque Societatis Dublinenſis Secretarius, iſtiusmodi funem humectatum cum appenſo pondere ſuſpendit, eumque pro ratione exiccationis reſolvi animadvertit. Cum pelvim aqua calida plenam admoviſſet, aſcendente vapore funis denuo velociter contortus, eoque ceſſante rurſus reſolutus. Immo halitu oris octies aut decies repetito, funem contorqueri didicit, celeriterque reſolvi admota prope uncum candela aut ferro ignito. Referunt hæc exprimenta *ex Tranſ. Anglic. A. 1685. Menſ. Jun. n. 162. p. 1032.* Collectores Actorum, quæ Lipſiæ publicantur, *A. 1686. p. 389. & 390.*

## COROLLARIUM.

Sola igitur humiditas aëris funium cannabinorum longitudinem notabiliter abbreviare, ipſosque funes arctius contorquere valet.

## SCHOLION.

*Humor nimirum dimenſionem funis ſecundum diametrum auget. Sed cum gyri ſpirales filiorum contortorum fere in circu-*

*circulares abeant autopſia teſte, timenſio ſecundum longitudinem decreſcit. Abbreviationis igitur cauſa non modo ab inſinuatione humoris in poros funium, ſed & imprimis à ſpirali eorundem textura petenda.*

EXPERIENTIA. X.

Idem in nervo aliquo fidium, cujus longitudo erat 1′4″ circiter juxta menſuram Rhenanam, experti ſumus. Cum enim eundem duobus clavis utraque ſui extremitate alligatum juxta feneſtram apertam extendiſſemus, & ope pauculæ ceræ indiculum ligneum applicaſſemus, per complures dies non ſine voluptate, cum ſole oriente ros decideret, nervum contorqueri advertimus, ita ut fere ſemicirculum intra exiguum temporis intervallum indiculus deſcripſiſſe notaretur. Aſt ſolis radiis illuſtratus nervus iterum reſolutus ac indiculum ultra terminum reduxit, in quo ſub ortum Solis primum conſpexeramus, cum feneſtram cubiculi noctu clauſam primum aperiremus. Non tamen

men ſingulis diebus æquales indiculi itus reditusque notavimus. Eundem nervum ſub aqua demerſum ſenſibiliter contorqueri didicimus, ſatis enim celeres ejus intra aquam convolutiones notavimus, non ſecus ac ſi duo manibus prehendentes ejus extremitates ipſum vi contorquerent. In extracto minorem longitudinem notavimus, quam cum eundem aquæ immitteremus, & radiis licet ſolaribus iterum exiccatus ad priſtinam longitudinem eundem reducturi vires eludebat.

## SCHOLION.

*Similia ſe expertum eſſe teſtatur* Sturmius *in Colleg. Curioſ. part. 1. tent. 14. phæn. 5. p. 124. Non ignoro, quod alii contrarium accidere affirment; ſed quid alii experti ſint, mihi quidem non conſtat, cum circumſtantias ſingulares non annotent. Mibi rem enarrare libuit prouti eandem expertus ſum.*

## EXPERIENTIA XI.

Cum *Robertus Boyle* veſicam aëre mediocridiocriter repletam firmiterque constrictam (ad ignem admoveret, ea non solum distendebatur, sed & tanto fragore disrumpebatur, ut in adstantibus surditatem ad tempus effecerit. *Vide Nova Exper. de vi aëris elast. Exper. 5. p. m. 21.*

COROLLARIUM I.

Cum intra vesicam nihil nisi pauculum aëris contentum fuerit; expansio vesicæ expansionem aëris inclusi arguit. Contigit vero expansio, posita caloris in aërem inclusum actione. Aër igitur rarefit *per def. 17.*

COROLLARIUM II.

Cum calore expirato vesica distenta rursus flaccida fieri observetur; ulterius liquet, aërem condensari, *per def. 16.*

EXPERIENTIA XII

Si lignum sub aqua demersum detineas, multas circumcirca bullulas ejus superficiei adhærescere atque ab eadem separatas ascendere & in superficie aquæ disparere animadvertes.

## COROLLARIUM

Quoniam bullulæ istæ sunt vesiculæ aqueæ ab aere distentæ, *per schol. 1. exp. 4.* multum intra poros ligni aëris latere debet.

## PROPOSITIO I. LEMMA I.

*Corpora densiora plus massæ sub eadem mole continent, quam rariora & contra.*

### DEMONSTRATIO.

In corporibus densioribus minor est molecularum distantia, quam in rarioribus *per cor. def. 11.* Massa vero est complexus molecularum, ex quibus corpora componuntur, *per def. 9.* Ergo plus massæ sub eadem mole in corporibus densioribus continetur, quam in rarioribus. *Quod erat unum.*

Similiter si plus massæ sub eadem mole corpus aliquod continet, quam alterum, major est molecularum numerus in isto, quam

quam in hoc, *per def. 9.* adeoque in isto minor est earundem distantia, quam in hoc, consequenter istud densius, quam hoc, *per cor def. 11.* *Quod erat alterum.*

COROLLARIUM. I.

Quamobrem cum massæ ponderibus proportionales existant, *per schol. 2. ax. 3.* corpora densiora graviora sunt rarioribus, si eandem cum his molem habuerint, & quod corporum mole æqualium magis ponderat altero, illud densius est.

COROLLARIUM II.

Contra si duo corpora mole inæqualia idem pondus habuerint, rarius erit majus densiore: consequenter si fuerint cylindri æqualium basium, rarioris altitudo major erit, quam densioris, *per 14. Elem. 12.*

SCHOLION

*Non licet excipere, in demonstratione nostra perperam supponi, moleculas minimas, ex quibus corpora componuntur, esse omnes inter se æquales atque absolute densas, & in quolibet corpore dari definitum istiusmodi molecularum numerum: cujus suppositi falsitatem vel solæ magnitudines incommensurabiles loquantur. Utut enim lubentissime agnoscamus, hoc suppositum esse falsum, utpote qui adversus Autorem Tentaminis de Mechanismo Macrocosmi, idiomate Anglico Londini 1705 edito in Actis Eruditorum Lipsiensibus A. 1707. p. 375. evicimus, nequaquam incommensurabilitatem ex incommoda unitate assumta oriri; affirmare tamen nulli dubitamus, suppositi falsitatem demonstrationis certitudini parum obesse. Ratio est, quod in præsente propositione omnia corpora citra errorem in conclusionibus deducendis committendum sibi imaginari liceat tanquam ex moleculis inter se æqualibus & absolute densis composita. Comparamus nimirum massas corporum cum molibus earundem. Constituenda igitur est communis aliqua mensura. Talis est spatium seu extensio in abstracto considerata. Nimirum spatium à mole occupatum distingui debet in spatium, quod massa replet, & in spatium quod molecularum inter-*

*stitiis*

*stitiis destinatur. Jam si moleculæ in unum spatium congregari intelligantur, corpus quodlibet concipiendum erit, ut absolute densum, atque comparatim massas duorum corporum vel spatia integra ab ipsis repleta, vel eorum quæcunque submultipla inter se conferre licet, ut habeatur ratio massarum. Aggregata vero interstitiorum inter se collata rationem densitatis manifestabunt. Denique spatia integris corporibus debita moles eorundem metientur.*

## PROPOSITIO II. PROBLEMA I.

*Invenire num aëer inferior sit magis compressus, quam superior.*

### RESOLUTIO.

1. Vas quoddam amplum ad radicem turris præaltæ aut montis alicujus apertum defer, ibique
2. Clauso epistomio vel obturaculo firmato, id ad fastigium turris vel montis transfer.
3. Quo facto, vas rursus aperito & num

num aër per exiguum in orificio foramen egrediatur, attendito.

Id enim si contingat, aër inferior magis compressus erit, quam superior. Q. e. i.

DEMONSTRATIO.

Patet per nudam applicationem corollarii 3. exper. 2.

SCHOLION I.

Otto de Guericke *in experimentis Novis Magdeburgicis de spatio vacuo cap. 30. lib. 3., f. 113. auctor est, se solutionem problematis tentasse atque aërem inferiorem superiore magis compressum reperisse.*

SCHOLION II.

*Aërem autem egredientem facile animadvertes, vel strepitum, cum quo egreditur, percipiendo; vel flatum adversus faciem aut volam manus directum sentiendo vel distensionem vesiculæ orificio alligatæ observando. Probe notari meretur, ut egressus in casibus prioribus tanto sensibilior evadat, aërem per exiguum foramen, tubuli inprimis coniformis, egredi debere, vi eorum, quæ in hydraulicis demonstrari solent.*

PRO-

## PROPOSITIO III. THEOREMA. I.

*Aër inferior denſior eſt ſuperiore.*

### DEMONSTRATIO

Aër inferior eſt magis compreſſus, quam ſuperior *per ſchol. 1. prop.* 2. Plus ergo maſſæ ſub æquali mole continet, *per def. 13.* conſequenter denſior, *per prop. 1.* Q. e. d.

### COROLLARIUM.

Quoniam corpora denſiora ſunt graviora rarioribus ejusdem molis *per cor. 1. prop. 1.* & aër in corporum gravium numerum referendus, *per cor. 4. exp. 2*; erit quoque aër inferior ſpecifice gravior ſuperiore.

## PROPOSITIO IV. PROBLEMA II.

*Invenire directionem juxta quam agit elater aëris.*

### RESOLUTIO.

1 Fac aliquoties ea, quæ, *in prop. 2.* præcepimus, vel aërem in vaſe com-

primito, si turrim aut montem conscendere nolueris, *vi exp.* 2.

2. In qualibet orificii vasis directione epistomium reserans *per schol.* 2. *prop.* 2. adverte, utrum aër egrediatur, nec ne.

Quodsi enim aëris quædam portio iterato experimento egrediatur in qualibet orificii vasis directione, evidens est, vim elasticam aëris agere quoquoversum secundum quamlibet directionem. Q. e. i.

DEMONSTRATIO.

Cum enim in casu primo aër sit magis compressus, quam externus vas ambiens, *per schol.* 1. *prop.* 2, in casu altero *ex hypothesi*, aër vero in vase compressus, aperto orificio, vi elateris se expandat & ex parte ex vase egrediatur, *per cor.* 2. *exp.* 2, si id in quacunque orificii vasis directione contingat, elater aëris secundum quamlibet directionem agat opus est. Q. e. d.

COROLLARIUM.

Cum aërem in vase iterato compressissemus, ejus quandam portionem aperto orifi-

orificio ex ipſo iterum expirare notavimus, quamcunque orificio aſſignaremus directionem. Liquet itaque, elaterem aëris niti quaquaverſum ſecundum quamlibet directionem.

## PROPOSITIO V. THEOREMA II.

*Elater aëris æquatur ponderi eundem comprimenti, quamdiu compresſibilis exiſtit, ad ſummum vero compresſionis gradum reducti vi reſiſtendi infinitæ æquipollet.*

## DEMONSTRATIO.

Etenim ſi aër adhuc compresſibilis, datur pondus eo, quo premitur majus, actu ipſum ulterius comprimere valens. Quod igitur pondus incumbens non magis eundem comprimat, ab æqualitate ponderis prementis, & vis, qua aër compresſioni reſiſtit, petendum, *per ax. 6.* Quoniam vero vis, qua ponderi prementi reſiſtitur, compresſioni contraria eſſe debet, *per def.* 12. & vi elaſtica aër compreſſus ſeſe expandere nititur, *per cor. 2. exp. 2.* quin vis, quo aër comprimenti ponderireri resistit, sit elater ipsius, dubitari nequit. Quare per demonstrata elater aëris ponderi eum comprimenti æquatur. *Quod erat unum.*

Quoniam vero singulæ aëris moleculæ determinatam habent molem, ut massa quædam aërea in punctum Mathematicum comprimendo redigatur fieri nequit. Aër igitur, in infinitum compressibilis non est, sed datur aliquis compressionis gradus maximus: quem ubi pertingit, ulterius comprimi nequit. Resistit adeo tum elater aëris ponderi quantocunque prementi, consequenter vi resistendi infinitæ æquipollet. *Quod erat alterum.*

COROLLARIUM I.

Crescit adeo elater aëris, cæteris paribus, in ratione ponderum comprimentium: hinc aucto pondere comprimente augetur elater.

COROLLARIUM II.

Et elateres duorum voluminum aëris, cæteris paribus, sunt in ratione ponderum ipsa comprimentium.

COROL-

COROLLARIUM. III.

Cum vero elater ſit vis, qua ſui expanſionem molitur aër, *per def. 14.*; ulterius liquet, quod aër tanto magis ſeſe expandere nitatur, quo magis comprimitur,

COROLLARIUM. IV.

Et quoniam effectus viribus productricibus proportionales exiſtunt, *per ſchol. 1. ax. 3.* effectus qui ab aëris expanſionibus conſequuntur, viribus prementibus remotis, ſi cætera ſint paria, in comprimentium ponderum ratione eſſe debent.

COROLLARIUM V.

Utut vero compreſſio maxima à ponderibus infinite variis produci queat, quia tamen abſurdum eſt, unam eandemque vim elaſticam viribus infinite variis æquari; vim elaſticam aëris in ſtatu ſummæ compresſionis æquari ponderi minimo eorum, à quibus maxima compresſio proficiſci valet. Atque adeo effectus ab elatere aëris ſummam compresſionem pasſi profectus erit ad effectum vi elaſtica aëris in ſtatu quocunque compresſionis minoris, ſi cætera fuerint paria, ut pondus minimum eorum, à quibus maxima compresſio produci poteſt, ad pondus minoris compresſionis gradui reſpondens

SCHOLION I.

*Abſurdum eſſe dixi, unam eandemque vim elaſticam aëris æquari viribus & majoribus, & minoribus. Etenim vis minor utique pars eſt majoris. Si itaque vis aëris elaſtica in ſtatu ſummæ compresſionis & vi minori, & majori æquetur, ſequetur inde, partem poſſe æqualem eſſe toti: quod omnino abſurdum, hoc eſt, imposſibile.*

SCHOLION. II.

*Hinc & in propoſitione dixi, elaſticam aëris vim in ſtatu ſummæ compresſionis vi reſiſtendi infinitæ æquipollere. Cum adeo actu infinita non ſit, explicandum eſt, unde hoc ſit, quod vi reſiſtendi infinitæ æquipolleat. Scilicet ſi majus pondus aëri incumbere ſupponamus, quam ad ſummam compresſionem efficiendam ſufficit excesſus ponderis non amplius ad comprimen-*

*dum*

*dum, sed ad compressum loco expellendum impenditur. Ut igitur non expellatur, corpora aërem compressum ambientia vi resistendi prædita esse debent, quæ toti ponderi incumbenti æquatur. Utut enim pondus incumbens non omnem vim, qua premit ad aërem compressum expellendum adhibeat; corpora tamen motum impedientia & vi elastica aëris impressi & vi eidem impressæ urgentur, quæ simul sumtæ vim ponderis prementis adæquant.*

## PROPOSITIO VI. THEOREMA. III.

Elater aëris inferioris æquatur ponderi totius superioris ipsi incumbentis.

### DEMONSTRATIO.

Aër enim superior pondere suo premit inferiorem, *per cor. 5. exp. 2.* Elater vero aëris æquatur ponderi prementi, *per prop. 4.* Ergo elater aëris inferioris æquatur ponderi totius superioris ipsi incumbentis, Q. e. d.

COROL-

COROLLARIUM.

Quoniam pondus aëris ſuperioris inferiori incumbentis æquatur ponderi columnæ Mercurii, cujus eadem cum volumine aëris baſis, ſed altitudo 28 circiter digitorum, *per exp. 5*; etiam elater aëris inferioris ejusdem columnæ Mercurialis ponderi æquatur.

## PROPOSITIO VII. THEOREMA IV.

*Si vas aliquod ab aëre vacuum prope Tellurem aperiatur, aër ambiens externus extemplo in cavitatem ejus ruet eamque replebit.*

DEMONSTRATIO.

Aër enim prope Tellurem eſt in ſtatu compresſionis, *per ſchol. 1. prop. 2.* cum vero idem elatere gaudeat, *per cor. 2. exp. 2.* ad majorem expanſionem continuo nititur, *per def. 14.* & quidem quaquaverſum, *per prop. 4.* Quare cum intra vas vacuum niſui huic nihil reſiſtat, expanſio per cavitatem vaſis actu ſequetur, *per cor. 2. ax.* 7.

7.Et quoniam, si aliquod spatium vacuum intra cavitatem vasis ab aëre irruente non occupatum supponamus, illud instar vasis vacui intra aërem aperti considerari possit, aër in vas irruens etiam hoc spatium replere debet. Si itaque vas aliquod ab aëre vacuum prope tellurem aperiatur, aër ambiens externus extemplo in cavitatem ejus ruit eamque replet. Q. e. d.

## COROLLARIUM I.

Si ergo syrinx orificio alicujus vasis firmiter infigatur, & embolus postea extrahatur, aër in vase contentus per siphonis cavitatem expandetur.

## SCHOLION I.

*Facile apparet, propositionem nostram valere de omni spatio in contiguitate aëris quomodocunque vacuo reddito.*

## SCHOLION III.

*Hac theoria egregie usus est* Otto de Guericke, *cum de instrumento ad vasa ab aëre evacuanda idoneo primus cogitaret, successu non infelici atque maximo scientiæ naturalis incremento. Utut vero inter exteros*

*ros reperiantur, qui laudem inventionis Roberto Boyle, celeberimo Anglorum Philosopho, tribuunt, quos inter ex Anglis* Robertus Hocke, *recensente* CL. Wallero *in vita ipsius operibus posthumis præfixa f. 3. & ex Gallis* Johannes Baptista du Hamel, *non ignotum in Scholis Philosophorum nomen, in Philos. Vet. & Nov. Tom. 4. Phys. Gener. Tract. 2. dissert. 3. cap. 10. p. m. 234.) ipse tamen* Boyle *in proœmio Novorum Experimentorum Physico Mechanicorum de vi aëris elastica p. m. 3. agnoscit, quod* Otto de Guericke *ipsum prævenerit, quodque ipse ab iis, quæ* Schottus *in Mechanica Hydraulico-preumatica 1657. de vasibus vitreis â* Guerickio *ab aëre evacuatis publicaverat, ad sua experimenta & machinæ preumaticæ constructionem incitatus fuerit. Iteraverat vero experimenta sua* de Guericke *jam sub finem comitiorum imperialium anno 1654. Ratisbonæ celebratorum in præsentia Imperatoris, Electorum ac Principum quorundam. Videatur præfatio ad Experimenta Nova Magdeburgica superius laudata.*

PRO-

## PROPOSITIO VIII. PROBLEMA II.

Conſtruere antliam pneumaticam, hoc eſt, machinam, qua mediante aër ex vaſibus educi poteſt.

### RESOLUTIO.

1. Conſtruatur (Fig. V.) cylindrus AB ex orichalco intus cavus et ſatis capax, cujus interior ſuperficies optime polita, ut piſtillum emboli DE arctiſſime ipſam undiquaque contingat, ne ulli moleculæ aëreæ inter eam & piſtillum locus relinquatur.
2. Piſtillum DE cohæreat cum lamella ferrea dentata DC, quo embolus ope rotulæ dentatæ manubrio NO verſato extrahi ac intrudi commode poſſit.
3. In B. afferruminetur baſi cylindri tubulus B F KL, cui in F aptetur epiſtomium I H G ex cylindro cavo HF & operculo cylindrico ſolido compoſitum.

4. De-

4. Denique tubulus KL in L inſtruatur matrice, ut vaſa, quorum orificia cochleis inſtructa cum eodem firmari queant; ſeu, quod perinde eſt, tubulus KL in cochleam deſinat, & vaſa ad antliam firmanda matrice inſtruantur, inter quæ etiam reverendus catinus orichalceus PQ, cui vitra campaniformia commode imponere liceat.

Dico ex vaſibus ad hanc machinam firmatis aërem educi poſſe. Q. e. f.

DEMONSTRATIO.

Cum enim embolus CE extrahitur epiſtomio reſpectu antliæ AB & tubuli KL aperto, aër in vaſe contentus per tubuli LKGB & cylindri AB cavitatem expanditur, *vi cor. prop. 7.* quod ſi jam epiſtomium reſpectu tubuli KL claudatur, ſit tamen reſpectu cylindri AB apertum, & remoto operculo HI embolus CP rurſus intrudatur, aër per epiſtomium FH extruditur, conſequenter aëris aliqua portio ex vaſe educta. Quo pluries itaque hæc operatio

tio repetatur, eo plus aëris ex vase educitur. Ope adeo machinæ constructæ aër ex vasibus educi potest. Q. e. d.

## SCHOLION I.

*Si machina non satis accurate constructa, ita ut metuendum sit, ne forte inter embolum & interiorem cylindri AB superficiem, vel etiam in F aëri aliquis aditus pateat, inferior epistomii pars FH intra aquam demergitur, & superius circa A pelvis afferruminatur, ut orificium antliæ A similiter intra aquam detineri possit, quoniam experientia constat, aëri per aquam in vas aliquod non patere aditum. Nec ratio obscura est. Cum enim per inferius demonstranda aër sit specifice levior aqua, in ea quidem ascendere, at non per eam descendere potest.*

## SCHOLION II.

*Solet etiam eum in finem pistillum DE ex variis orbiculis coriaceis compositum ungvento quodam vel oleo illini, & fundo catini applicatur orbis coriaceus madefactus &*

*in*

*in medio perforatus, ut vas evacuandum tanto firmius catino apprimatur.*

SCHOLION III.

*Prima antliæ pneumaticæ forma ab ea, quam descripsimus, multum differebat, quemadmodum videre est apud* Guerickium *in Experimentis supra laudatis lib. 3. cap. f. 74. & 75, atque* Schottum *in Technica curiosa lib. 1. cap. 1. p. 8 & 9. Eam deinde ulterius perfecit* Boyle *opera* Roberti Hooke, *viri ad Mechanicam nati, usus: de cujus forma consule proœmium Experimentorum in schol prop. 4. laudatorum p. m. 4. & seqq. atque* Johannem Baptistam du Hamel *loco ibidem citato p. m. 234. & 235. Ipse etiam* de Guericke *commodiorem postea formam excogitavit descriptam l. c. cap. 4. f. 75. & seqq. Eam, quam nos delineavimus formam, describunt* Wolferdus Sengverdus *in præfat. ad edit. secund. Philosophiæ naturalis, quæ priore auctior Lugduni Batavorum 1684. in 4. prodiit, & supra laudatus* Leupold *in Antlia pneumatica illustrata, Lipsiæ 1707. idiomate Germanico nanico edita. Aliam adhuc ejus fabricam excogitavit eamque multis accessoriis auxit* Dionysius Papinus, *Mathematum Professor in Academia Marpurgensi celeberrimus; qua de re vide Acta Enditorum Lipsiensia A. 1687. p. 325. & seqq. Inter illa accessoria eminet artificium motum corporum vitris evacuatis inclusorum citro ullum aeris admittendi periculum producendi? Simile artificium excogitavit industrius Mechanicus Lipsiensis modo laudatus* Leupold, *quod simplicitate sua se multum commendans ex ipsius Antlia pneumetica illustrata una cum aliis nonnullis ipsius inventis Mechanicis in Actis Lipsiensibus anni præsentis p. 355. repræsentavimus.*

## SCHOLION IV.

*Quantum insignis hæc machina ad scientiæ naturalis pomœria dilatanda contulerit, nemo ignorat, qui vel rudimenta ejus primis, quod ajunt, labris degustavit: ut adeo non opus sit prolixa ejus commendatione. Unum tamen moneri fas est, quod ad illustrandum superiora apprime facit. Diximus*

*mus nimirum, cum in ſchol. 2. exp. 5. aliquod* Hugenii *experimentum recenſeremus, quod aquam ab aëre expurgaverit per methodos inferius explicandas. Fidem igitur liberaturi monemus, illud fieri, ſi aqua expurganda in vaſculo ſub vitro campaniformi collocetur, atque per antliam pneumaticam aër ex eodem educatur. Dum enim aër educitur, multæ ex aqua bullulæ ſurgentes in ſuperficie ejus diſparent: quas eſſe veſiculas aqueas ab aëre expanſas & in ſuperficie aquæ diſrumpendas, ſuperius ſchol. 1. exp. 5. oſtendimus.*

## PROPOSITIO IX. LEMMA II.

In corporibus homogeneis maſſæ ſunt in ratione molium.

### DEMONSTRATIO.

Corporum enim homogeneorum partes quantæcunque eandem habent texturam, *per def. 28.* Ergo in ſingulis particulæ minimæ ejusdem generis eadem ratione combinantur, *per ſchol. def. cit.* con-

consequenter in spatiis æqualibus æqualis habetur massæ quantitas, *per def. 9.* in spatio duplo dupla, in triplo tripla &c Sunt adeo massæ inter se ut spatia, per quæ extenduntur, hoc est, ut moles corporum, *per def. 8.* Q. *e.* d.

COROLLARIUM I.

Quoniam gravitates sunt ut massæ, *per schol. 2. ax. 3.* etiam gravitates corporum homogeneorum sunt in ratione molium, consequenter & pressuræ sunt in ratione molium corporum homogeneorum prementium, *per ax. 3.*

COROLLARIUM II.

Sunt igitur & effectus pressurarum corporum homogeneorum in ratione molium eorundem, *per schol. 1. ax. 3.*

## PROPOSITIO X. THEOREMA V.

Si aër comprimitur, densitas ejus augetur.

DEMONSTRATIO.

Dum enim comprimitur, moleculæ ejus ad minus spatium rediguntur, *per def. 13.*

Ergo earundem diſtantia minor evadit, adeoque denſitas aëris augetur, *per cor. def. 11.* q.e.d.

SCHOLION.

Patet etiam per nudam axiomatis ſeptimi applicationem.

COROLLARIUM.

Si igitur vires comprimentes æquales fuerint, & utrumque aëris volumen eadem vi preſſioni reſiſtat, utrumque etiam eandem habet denſitatem, *per. cor. 3. ax. 6.*

## PROPOSITIO IX. THEOREMA VI.

Aër Telluri circumfunditur.

DEMONSTRATIO.

Aut enim aër Telluri circumfunditur, aut non. Ponamus poſterius. Dabitur ergo ſuper aliqua Telluris parte ſpatium ab aëre vacuum. Jam cum aër vacuo huic contiguus exiſtat, per ſpatium illud expandetur, *per prop. 7.* Impoſſibile igitur, ut intra aërem ſit ſpatium aliquod ab aëre vacuum. Tale vero cum neceſſarium foret ob rotunditatem Telluris, niſi aër eam undiquaque ambiret, *vi ſchol. def. 5*; neceſſe eſt aërem Telluri circumfundi. q. e. d.

CO-

COROLLARIUM I.

Hinc etiam liquet, aërem non posse esse in uno loco altiorem, in altero depressiorem. Si enim sit in uno altior, statim expandetur per spatia contigua aëre non plena, *per prop. 7.*

COROLLARIUM II.

Quamobrem porro manifestum est, sic ætera sint paria, duobus corporibus æqualibus in æqualibus â centro Terræ distantiis æqualia pondera atmosphæræ incumbere, consequenter ab aëre incumbente æqualiter premi, *per cor. 5 ax. exp. 2.*

PROPOSITIO XII. THEOREMA VII

In æqualibus á terræ centro Distantiis duo quæcunque volumina aëris, si cætera paria fuerint, eandem densitatem habent.

DEMONSTRATIO.

Cum volumina aëris eandem â centro terræ distantiam habent cæteraque paria sunt, ab aëre superiore ipsis incumbente æqualiter premuntur, *per cor. 2. prop. 11.* sique cætera omnia paria ſunt, ambo volumina æqualibus ponderibus prementibus eadem vi reſiſtunt. Ambo igitur eandem denſitatem habent, *per cor. prop. 10.* q. e. d.

## COROLLARIUM.

Eſt ergo aër in eadem à centro Terræ diſtantia; ſi cætera fuerint paria, homogeneus, *per def. 28.*

## PROPOSITIO XII. THEOREMA VIII.

In eodem vaſe, vel etiam in vaſibus communicantibus, aër ubique eandem denſitatem habet, ſi cæteta paria fuerint.

## DEMONSTRATIO.

Aut enim habet eandem denſitatem aut non. Ponamus aërem in uno vaſe eſſe rariorem, in altero denſiorem. Ille igitur erit minus compreſſus, hic magis, *per prop. 10.* Quare cum cætera paria ſupponantur, vis quoque compreſſioni reſiſtendi utrobique æqualis erit. Illius igitur denſitas per preſſuram minoris ponderis producetur, hic

hic per pressuram majoris. Ast elater aëris æquatur ponderi prementi, *per prop. 4.* Ergo in rariore aëre minor vis elastica, quam in densiore. Quare cum aër uterque vi elateris sese quaquaversum expandere nitatur, *per def. 14. & cor. prop. 4.* majore vi aër densior nititur versus rariorem, quam rarior versus densiorem. Ergo rarior cedet densiori, *per ax. 7.* comprimetur ergo â densioris elatere, *per def. 13.* & densior proprio elatere dilatabitur, *per def. 15.* Nec reddetur aëri in utroque vase quies, nisi nisus aëris utrinque fuerit idem, *per ax. 6.* hoc est nisi eandem densitatem habuerint, *per demonstrata.* Si igitur aër in utroque vase non eandem densitatem habuerit, cæteraque fuerint paria, ad eandem statim reducetur. q. e d.

COROLLARIUM. I.

Quare si extracto embolo ex antlia pneumatica aër ex vase ad ipsam firmato in ejus cavitatem irruit, *per prop. 8.* aër, qui cavitatem antliæ replet, cum aëre, qui in vase evacuando residuus, eandem densitatem habet.

## COROLLARIUM II.

Eſt ergo aër intra cavitatem antliæ contentus aëri in vaſe evacuando reſiduo homogeneus, *per def. 28.*

## COROLLARIUM III.

Maſſa igitur aëris intra cavitatem antliæ contenti eſt ad maſſam aëris in vaſe evacuando reſidui ut capacitas antliæ ad capacitatem vaſis.

## PROPOSITIO XIV. THEOREMA IX.

In Vaſe, quod per antliam evacuatur ſemper eſt aër primitivus ad aërem reſiduum, ut aggregatum ex capacitate vaſis & antliæ ad eam dignitatem elevatum, cujus exponens æquatur numero agitationum emboli, ad capacitatem vaſis ſolius ad eandem dignitatem evectam.

## DEMONSTRATIO.

Dicatur aër à prima agitatione emboli reſiduus *aër reſiduus primus*; qui à ſecunda agi-

agitatione emboli restat, *aër residuus secundus*, & ita porro.

Cum embolo extracto aër intra solum vas contentus per antliam simul expanditur, *per cor. prop. 7.* aër in vase contentus est ad aërem contentum in antlia ut capacitas vasis ad capacitatem antliæ *per. cor. 3. prop. 13.* Ergo & aggregatum ex aëre in vase & ex aere in antlia contento, h. e. aër primitivus, est ad aërem in solo vase contentum, hoc est, residuum primum, ut aggregatum ex capacitate vasis & antliæ ad capacitatem vasis solius, *per 18. Elem. 5.* Similiter demonstratur esse quantitatem aëris residui primi ad quantitatem residui secundi, ut est aggregatum ex capacitate vasis & antliæ ad capacitatem vasis solius: & in eadem ratione esse quantitatem aëris residui secundi ad quantitatem aëris residui tertii &c.
stat ergo *ex elementis Matheseos universalis* esse factum ex aëre primitivo in residuum primum, secundum, tertium, quartum &c. ad factum ex aëre residuo primo in secundum, tertium, quartum, quintum &c. ut factum ex capacitate vasis & antliæ junctim

ctim toties in se ducta emergens, quot numerus agitationum emboli unitates continet, hoc est, dignitas dicti aggregati, cujus exponens est numerus agitationum memoratarum, ad factum ex capacitate vasis solius multoties itidem in se ducta enascens, hoc est, dignitatem eandem capacitatis hujus. Quamobrem & aër primitivus ad aërem residuum ultimum eandem habet rationem, quam habent inter se dignitates memoratæ, *per 17. Elem. 7.* q. e. d.

## SCHOLION I.

*Notandum est, ad capacitatem antliæ pertinere simul capacitatem tubi BFG. Cæteroquin capacitas antliæ nonnisi per eam partem constituitur, quam embolus extractus post se relinquit.*

## SCHOLION. II.

*Equidem per principia Stereometrica inveniri potest tam antliæ, quam vasis evacuandi capacitas, & hinc per præsens theorema pro data qualibet antlia Tabulam construere licet, in qua ratio aëris primitivi ad aërem residuum dato cuivis agitationum emboli*

*emboli numero respondens exprimitur: diffiteri tamen non licet, calculum ob prolixitatem non posse non molestum accidere. Quoniam vero omnis prolixitas â tædiosis multiplicationibus pendet, dum scilicet numeri capacitatem antliæ atque vasis evacuandi exprimentes ad altas dignitates evehendi;* Jacobus Bernoullus *in dissertatione de seriebus infinitis anno 1692. Basileæ habita thes. 2 in subsidium vocatis Logarithmis regulam hanc paulisper immutavit, ut quæsito facilius satisfaciat. Cum enim Logarithmi sint numeri vicarii numerorum naturalium, eorundem multiplicationem in additionem, consequenter elevationem ad dignitatem quampiam in multiplicationem per exponentem ejus dignitatis, & divisionem in subtractionem transmutantes; evidens est, Logarithmis adhibitis, multiplicationum ac divisionum tædia tolli. Regulam igitur Bernullianam ex theoremate præsente in propositione subsequente eliciemus,*

## PROPOSITIO XV. THEOREMA X.

Logarithmus rationis, quam habet aër primitivus ad aërem residuum in vase evacuando, dato quocunque agitationum emboli numero, est æqualis facto ex differentia Logarithmi capacitatis vasis solius à Logarithmo aggregati ex capacitate vasis & capacitate antliæ in numerum agitationum emboli.

DEMONSTRATIO.

Est enim aër primitivus ad aërem residuum ut aggregatum ex capacitate vasis & antliæ ad eam dignitatem elevatum, cujus exponens æquatur numero agitationum emboli, ad capacitatem vasis solius ad dignitatem eandem evectam, *per prop. 14.* Sed *per ipsam proportionis definitionem* aër primitivus residuum toties continet, quoties dignitas prima ex memoratis alteram. Quare quotus ex divisione aëris primitivi per residuum emergens æquatur quoto ex divisione dignitatis primæ per alteram emergenti Quodsi igitur Logarithmis uti libuerit, erit differentia Logarithmi aëris residui à Logarithmo primitivi,

tivi, hoc eſt, Logarithmus rationis aëris primitivi ad reſiduum, æqualis differentiæ Logarithmi dignitatis ſecundæ à Logarithmo dignitatis alterius, *per ſchol. 2. prop. 14.* hoc eſt, cum harum dignitatum exponens ſit numerus agitationum emboli, facto ex differentia Logarithmi capacitatis vaſis ſolius à Logarithmo aggregati ex capacite vaſis & capacitate antliæ in numerum agitationum emboli, *per ſchol. cit.* q. e. d.

## DEMONSTRATIO ALIA ANALYTICA.

Sit capacitas vaſis v, capacitas antliæ & vaſis ſimul a, numerus agitationum emboli n, erit aër primitivus ad aërem reſiduum ut $a^n$ ad $v^n$ *per prop. 14.* Ergo exponens rationis $a : v^n$, cujus logarithmus n la — nlv, *per ſchol. prop. cit.* hoc eſt, n (la - lv) q. e. d.

## PROPOSITIO XVI. PROBLEMA. III.

Dato numero agitationum emboli in antlia factarum una cum capacitate vasis & capacite antliæ, invenire rationem aëris primitivi ad aërem residuum.

RESOLUTIO.

1. Excerpatur ex Logarithmorum Tabulis Logarithmus aggregati ex capacitate vasis & capacitate antliæ & logarithmus capacitatis vasis solius.

2. Logarithmus minor subducaturè majore.

3. Differentia ducatur in numerum agitationum emboli, erit factum Logarithmus, cui in Tabulis respondet numerus indicans, quoties aër primitivus continet residuum quæsitum. q. e. i.

DEMONSTRATIO.

Patet per nudam theorematis præcedentis applicationem.

SCHOLION.

*Sit e. g. capacitas antliæ 235″, capacitas Vasis 705″, erit aggregatum ex utraque 940. Ergo si numerus agitationum emboli ponatur 6, erit Logarithmus rationis, quam habet aër primitivus ad residuum quæsitum*

6. (2.

*6 (2.9731279 — 2.8481891) = 0.7496328, cui in Tabulis Logarithmorum quam proxime respondent $5\frac{619}{1000}$ Est ergo aër primitivus ad residuum quæsitum ut $5\frac{619}{1000}$ ad 1, hoc est, ut 5619 ad 1000.*

## PROPOSITIO XVIII. PROBLEMA IV.

Data capacitate vasis evacuandi & capacitate antliæ, invenire numerum agitationum emboli ad aërem in data ratione dilatandum requisitum.

### RESOLUTIO.

1. Excerpantur ex Tabulis Logarithmorum Logarithmi aëris primitivi, aëris residui, capacitatis vasis & aggregati ex capacitate vasis & capacitate antliæ.
2. Logarithmus aëris residui subducatur ex Logarithmo aëris primitivi, similiter Logarithmus capacitatis vasis auferatur ex Logarithmo aggregati ex capacitate vasis & capacitate antliæ.
3. Differentia prior dividatur per alte-

ram. Dico, quotum esse numerum agitationum emboli quæsitum. q. e. i.

DEMONSTRATIO.

Etenim differentia prima Logarithmorum æquatur facto ex differentia secunda in numerum agitationum emboli, *per prop. 15.* Jam si æqualia per æqúalia dividas, quoti sunt æquales. Ergo quotus ex divisione differentiæ primæ Logarithmorum per secundam æquatur quoto ex divisione facti ex differentia secunda in numerum agitationum emboli per hanc ipsam differentiam secundam emergenti, hoc est, numero agitationum emboli. g. e. d.

SCHOLION I.

*Recte in demonstratione pro Logarithmo rationis, quam habet aër primitivus ad aërem residuum, assumi differentiam Logarithmi aëris primitivi à Logarithmo aëris residui, satis liquet. Etenim Logarithmus rationis est Logarithmus numeri, qui indicat, quoties terminus major minorem contineat, seu minor in majore contineatur. hic vero numerus prodit, si terminum majorem per minorem dividas: & quoti hujus Loga-*

*Logarithmus est differentia Logarithmi divisoris â Logarithmo dividendi, per schol. 2. prop. 14.*

## SCHOLION II.

*Sit e. gr. logarithmus aëris primitivi 0. 8450980, aëris residui 0. 3010300, erit differentia eorundem 0. 5440680. Sit porro logarithmus capacitatis vasis 2. 8481891 logarithmus aggregati ex capacitate vasis & capacitate antliæ 2. 9731279, erit differentia eorundem 0. 1249388. Ergo numerus agitationum emboli erit* 0. 5440680 : 0. 1249388 $= 4\frac{11078}{312343} = 4\frac{1}{28}$ *quam proxime.*

## PROPOSITIO XVIII. PROBLEMA V.

Data ratione aëris primitivi ad residuum una cum capacitate vasis & numero agitationum emboli invenire capacitatem antliæ.

## RESOLUTIO ET DEMONSTRATIO

Sit exponens rationis, quam habet aër primitivus ad residuum = e, capacitas vasis

vaſis $= v$, capacitas antliæ $= x$, numerus agitationum emboli $= n$, erit

$(v + x)^n : v^n = e$, *per prop. 14.*

$(v + x) : v = e^{1:n}$

$v + x = e^{1:n} v$

$l(v + x) = lv + le : n$, *per ſchol. 1. prop. 14.*

Poteſt ergo inveniri Logarithm. aggregati ex capacitate vaſis & capacitate antliæ, ſi Logarithmus rationis quam habet aër primitivus ad reſiduum dividatur per numerum agitationum emboli, & quoto addatur Logarithmus vaſis. Dato autem hoc Logarithmo, ipſum aggregatum ex capacitate vaſis & capacitate antliæ ignorari non poteſt. Quare ſi tandem ex eo ſubducatur capacitas vaſis data, relinquetur capacitas antliæ quæſita q. e. i. & d.

SCHOLION.

*Sit e. gr.* $le = 0.7389822$, $n = 6$, *erit* $le : n = 1231637$

*Sit* $lv = 21958996$

*erit* $l(v + x) = 23190633$, *cui in Tabulis*

*lis respondent 280, unde si auferatur* $v = 157$ *relinquetur* $x = 51$.

## PROPOSITIO XIX. THEOREMA XI.

Non omnis aër per antliam pneumaticam ex vase educi potest.

### DEMONSTRATIO.

Tot enim aëris educi potest, quot ex vase in cavitatem antliæ descendit, *per prop. 8.* Irruit autem aër in cavitatem antliæ dum vi elateris expanditur, *per cor. prop. 7.* & elater cessat, quam primum machinulæ aëris singulæ ita dilatatæ, ut nulla earum diduci amplius queat, *per def. 14.* Quare cum aër ad ultimum dilatationis vi elastica perficiendæ gradum perductus, remanet adhuc aliquid aëris in vase, *per cor. 3. prop. 13.* qui cum *per demonstrata* in cavitatem antliæ derivari nequit, evidens est, ex vase per antliam pneumaticam aërem omnem educi non posse. q. e. d.

### SCHOLION.

*Quantum vero sit illud aëris, quod remanere debeat, & quot agitationes emboli ad ad ultimum dilatationis gradum producendum requirantur, nondum definire licet.*

## PROPOSITIO XX. PROBLEMA VI.

Aërem intra vas comprimere.

## RESOLUTIO & DEMONSTRATIO.

1. Epistomio IHG respectu vasis clauso, respectu vero antliæ aperto, embolus ex antlia pneumatica extrahatur. quo facto aër externus per cavitatem antliæ ruet, *per prop. 7.*
2. Converso epistomio, ita ut communicatio inter vas & cylindrum detur, superius vero in H obturato, embolus iterum detrudatur: aër ex antlia in vas expelletur, quod cum jam aëre alio sit plenum, novum intrusum recipere nequit, nisi facta utriusque compressione, *per def. 13.* Excipiet vero hospitio suo adventantem hunc hospitem, cum comprimi possit, *per cor. 1 exp. 2.*
3. Repetita igitur hac operatione, aër

conti-

continuo magis magisque comprimetur. g. e. f. & d.

COROLLARIUM. I.

Quoniam aërem intra vas hac ratione comprimi posse experientia loquitur, evidens est, aërem â pondere atmosphæræ pressum adhuc magis comprimi posse.

COROLLARIUM II.

Perfecte igitur jam solvetur problema secundum *in prop.* 4, ubi compressionem aëris in vase fieri debere præcepimus.

SCHOLION.

*Sæpe compressio aëris in vasibus vitreis cum diffractionis periculo instituitur, tanto sollicitius præcavendæ, quanto facilius cum læsione experimentatoris conjungitur. Quoniam tamen experimenta in aëre compresso capienda requirunt, tum ut objecta in vase collocata sufficiente lumine collustrentur tum ut experimentator eadem sine obstaculo contueri queat; sæpius laudatus* Leupold *peculiare vasis genus excogitavit, aëri per antliam pneumaticam comprimendo accommodum: quod ex ipsius Antlia pneumatica illustrata describitur in Actis Eruditorum Lipsien-*

*ſienſibus A 1708 p. 355. Ejus ſtructuram* Fig. VI. *adumbrat:* AB *eſt tubus orichalceus vel cupreus. Fundus* A *in medio perforatus, foraminis diametro 2 digitos non excedente. Munitur vero foramen vitro plano chryſtallino, cujus craſsities unius digiti. In fundo altero* HI *foramen ovale paratur, operculo KL muniendum, cujus medium denuo vitrum orbiculare* M *occupat. In* C *matrice inſtruitur tubus atque epiſtomio, ut ad antliam firmari ac aëre hujus ope intruſo claudi queat. Quo vero periculum omne abſit, ſi forte vitrum in* D *frangatur; ſpeculum* E *ad vitrum* D *ita inclinatur, ut oculo ad foraminulum* F *dioptræ* G *applicato objectum in tubi cavitate poſitum in ipſo conſpiciatur.*

## PROPOSITIO XXI. PROBLEMA VII.

Dato numero agitationum emboli in antlia factarum una cum capacitate vaſis, in quo aër comprimitur, & capacitate antliæ, determinare ratio-

rationem, quam habet aër compressus ad aërem primitivum.

RESOLUTIO ET DEMONSTRATIO.

1. Quodsi capacitas vasis per capacitatem antliæ dividatur, quotus indicabit, quoties ista hanc contineat, consequenter quanta sui parte, facta una emboli agitatione, aëris in vase massa augeatur.

2. Quare si unitate per hunc quotum divisum per numerum agitationum emboli datum multiplices, quantum aëris in vas fuerit intrusum constabit.

3. Eam igitur si addas unitati, quæ exprimit aërem primitivum in vase contentum; prodit quantitas aëris compressi in mensura primitivi.

Erit adeo ut unitas ad numerum inventum, ita aër primitivus ad aërem compressum. q. e. i & d.

SCHOLION. I.

*Sit e. gr. capacitas antliæ 24″, capacitas vasis 168″. Facta igitur una emboli agitatio-*

*tatione, aër augebitur ſeptima ſui parte. Ergo ſi numerus agitationum emboli fuerit 10, erit omne augmentum in aëre compreſſo* $\frac{10}{7}$. *Ergo ratio aëris primitivi ad compreſſum ut 1 ad* $1\frac{10}{7}$, *hoc eſt, ut 7 ad 17.*

COROLLARIUM

Ergo ſi ab exponente rationis, quam habet aër primitivus ad compreſſum unitas ſubtrahatur & reſiduum per exponentem rationis, in qua eſt antlia ad vas, dividatur, quotus erit numerus agitationum emboli.

SCHOLION II.

*Sit e. gr. capacitas antliæ ad capacitatem vaſis ut 1 ad 7, erit exponens rationis* $\frac{1}{7}$. *Sit aër primitivus ad compreſſum ut 7. ad 17, erit exponens rationis* $\frac{17}{7}$. *Ergo numerus agitationum emboli* $(\frac{17}{7} - 1) : \frac{1}{7} = \frac{10}{7} : \frac{1}{7} = 10$.

## PROPOSITIO XXII. THEOREMA XI.

Aër primitivus eſt ad aërem in vaſe ope antliæ pneumaticæ dato agitationum emboli numero compreſſum ut capacitas vaſis ad aggregatum ex capacitate vaſis & facto capacitatis antliæ in numerum agitationum emboli.

## DEMONSTRATIO.

Sit capacitas antliæ = a, capacitas vaſis = v, numerus agitationum emboli = n, aër primitivus = 1, erit quantitas aëris compreſſi $\frac{na}{v}$ + 1, *per prop. 21.* (na + v) : v, Ergo aër primitivus eſt ad compreſſum ut 1 ad (na + v) : v, hoc eſt, ut v ad na + v q. e. d.

## COROLLARIUM.

Facilius igitur problema præcedens ſolvetur, ſi facto ex capacitate antliæ in numerum agitationum emboli addatur capacitas vaſis. Hoc enim aggregatum exprimet quantitatem aëris expreſſi, aſſumto aëre primitivo capacitati vaſis æquali.

## SCHOLION

*Sit e. gr. capacitas antliæ 24‴, capacitas vaſis 168‴, numerus agitationum emboli 10, erit aër primitivus ad compreſſum ut 168. ad*

408,

*408, hoc est (si utrinque per 24. dividas) ut 7 ad 17.*

## PROPOSITIO XXIII. PROBLEMA VIII.

Data ratione aëris primitivi ad compressum una cum ratione capacitatis antliæ ad capacitatem vasis invenire numerum agitationum emboli ad istam compressionem efficiendam requisitarum.

### RESOLUTIO.

Sit ratio aëris primitivi ad compressum p : c, ratio capacitatis antliæ ad capacitatem vasis a : v, numerus agitationum emboli = x, erit *per prop. 22.*

$$p : c = v : (ax + v)$$

adeoque $cv = apx + pv$

$$(c - p, v) : ap = x$$

### REGULA.

Factum ex differentia aëris primitivi à compresso in capacitatem vasis dividatur per factum ex aëre primitivo in capacitatem antliæ, quotus erit numerus agitationum emboli ad iſtam compreſſionem efficiendam requiſitarum.

## SCHOLION

*Sit e. gr. p=7, c=17, a=1, v=7 erit x=(17—7, 7): 7=10.*

## COROLLARIUM I.

Eſt ergo ap: v=c—p: x, hoc eſt, ut factum ex capacitate antliæ in aërem primitivum ad capacitatem vaſis ita differentia aëris primitivi à compreſſo ad numerum agitationum emboli iſtam compreſſionem efficientium.

## COROLLARIUM II.

Quodſi fiat p=v, erit x=(c—v, v): av =(c—v): a conſequenter numerus agitationum emboli invenitur, ſi differentia aëris primitivi à compreſſo (ſeu quod perinde eſt, capacitatis vaſis ab aëre compreſſo) dividatur per capacitatem antliæ.

## SCHOLION II.

*Sit e. gr. v=7, a=1, c=17, erit x=(17—7): 1=10.*

## PROPOSITIO XXIV.
### PROBLEMA IX.

Data capacitate vasis, in quo aer comprimendus, una cum ratione, quam aër primitivus ad compressum habere debet, & numero agitationum emboli, quibus ista compressio effici jubetur, invenire capacitatem antliæ.

### RESOLUTIO.

Sit denuo capacitas vasis = v, aër primitivus = p, compressus = c, numerus agitationum emboli = n, capacitas antliæ = x erit

px : v = c -- p : n, per cor. 1. prop. 23.

adeoq;

x = ( c -- p, v ) : pn

### REGULA.

Factum ex differentia aëris primitivi à compresso dividatur per factum ex aëre primitivo in numerum agitationum emboli compressionem efficientium, quotus erit capacitas antliæ quæsita.

SCHO-

## SCHOLION I.

*Sit* $p. = 7$, $c = 17$, $v = 168''$, $n = 10$, *erit* $x = (17 - 7, 168) : 70 = 1680 : 70 = 24''$.

## COROLLARIUM I.

Eſt ergo $pn : c - p = v : x$, hoc eſt, ut factum ex aëre primitivo in numerum agitationum emboli compreſſionem aëris efficientium ad differentiam aëris primitivi à compreſſo, ita capacitas vaſis ad capacitatem antliæ.

## COROLLARIUM II.

Quodſi fiat $p = v$, erit $x = (c - v, v) : nv = (c - v) : n$, adeoque capacitas antliæ habebitur, ſi differentia aëris primitivi à compreſſo per numerum agitationum emboli compreſſionem efficientium dividatur.

## SCHOLION II.

*Sit e.gr.* $p. = 7$, $c = 17$, $n = 10$, *erit* $x = (17 - 10) : 7 = 1$.

## PROPOSITIO XXV.
### THEOREMA XII.

Aer ambiens corpora undiquaque æquali vi premit.

### DEMONSTRATIO.

Ponamus corpus cubicum intra aërem libere pendulum. Basim superiorem premet pondus totius prismatis atmosphærici incumbentis, *per cor. 5. exp. 2.* cumque vis elastica quaquaversum nitatur, *per cor. prop. 4.* contra basin inferiorem & plana lateralia vi elateris sui nitetur. Enimvero elater aëris æquatur ponderi totius atmosphæræ ipsi incumbentis, *per prop. 6.* Ergo aër æquali vi adversus corpora, quæ ambit, undiquaque nititur, hoc est, æquali vi eadem undiquaque premit. Q. e. d.

## PROPOSITIO XXVI.
### THEOREMA XIII.

Calor elaterem aëris intendit.

### DEMONSTRATIO.

Aër enim vesica inclusus, ubi à calore dilatatur, eam distendit, *per exp. 11. & ej. cor. 1.*

*cor. 1.* Sed veſica ab ambiente aëre undiquaque vi æquali premitur *per prop. 24.* Quare aër veſicam dilatans vi aëris undiquaque eandem prementis major exiſtit *per ax. 7.* Antequam vero à calore urgetur, veſicam non adeo diſtendit: tunc ergo vi aëris eam undiquaque prementis major non eſt. Quare cum vis, qua aër rarefactus veſicam diſtendit, ſit elater ipſius, *per cor. prop. 4*, liquet, quod calor elaterem aëris intendat. Q. e. d.

## COROLLARIUM.

Quoniam aër rarefactus iterum condenſatur, *per cor. 2. exp. 11.* frigus elaterem minuit, *per def. 16.*

## PROPOSITIO XXVII.
## THEOREMA XIV

Elater aëris incluſi, ſi cætera cum aëre ambiente externo paria ſint, æquatur ponderi atmoſphærico.

## DEMONSTRATIO.

Si aëri incluſo præter hoc, quod includatur, cætera cum aëre ambiente externo paria ſint, quicquid aëri externo competit, illud etiam incluso tribuendum nisi inclusio prohibuerit. Jam inclusio non prohibet, ut elater aëris inclusi idem sit cum elatere externi. Si enim saltem ab initio detur communicatio inter aërem inclusum & externum, elater inclusi æqualis est elateri externi, *per ax. 6.* Licet vero postea per obstaculum aliquod communicatio prohibeatur, nihil tamen in aëre incluso mutatur: quemadmodum enim aër externus in- inclusi expansionem impediebat, ita sublata communicatione vel obstaculum, per quod ista tollitur, vel ipse aër externus eandem impedit. Ergo sublata communicatione cum externo, elater aëris inclusi æquatur adhuc elateri externi ambientis. Sed hujus elater ponderi atmosphærico æqualis existit, *per prop. 6.*. Ergo & illius. Q. e. d.

## SCHOLION.

*Per pondus atmosphæricum hic intelligimus & in posterum intelligemus non pondus totius atmosphæræ, sed pondus columnæ atmosphæricæ super eadem cum corpore illo basi,*

*basi, cum cujus pondere illud comparatur: aut cui resistere deprehenditur.*

COROLLARIUM I.

Aër igitur inclusus vi elastica eandem pressuram efficit, quam pondus atmosphæricum.

COROLLARIUM II.

Quoniam adeo pondus atmosphæricum in tubo Torricelliano Mercurium ad 18. digitoruum altitudinem suspendit, *per exp. 5.* etiam vis elastica aëris inclusi eundem in eodem ad eandem altitudinem suspendere debet.

COROLLARIUM III.

Quodsi elater aëris inclusi intenditur, *per prop. 26*; majus omnino Mercurii aut alterius fluidi volumen sustentare debet quam pondus atmosphæricum.

PROPOSITIO XXVIII.

PROBLEMA X.

Invenire, utrum aer comprimatur in ratione ponderum, nec ne.

RESOLUTIO

1. Assumatur tubus recurvus ABC,

(Fig. VIII.) cujus brachium minus EC sit 12 circiter digitorum, majus AB 8 circiter pedum minori parallelum.

2. Brachium minus hermetice sigilletur in C, *per schol. 3. exp. 5*, majus in A apertum relinquatur: utrumque in particulas inter se æquales, e. gr. in digitos, dividatur.

3. Communicatio brachiorum DE Mercurio repleatur.

4. Hinc ulterius per orificium A successive plus Mercurii infundatur, notenturque altitudines, ad quas in utroque brachio successive Mercurius infusus pertingit.

Dico, si sucessive fuerint spatia in brachio minore supra Mercurium vacua relicta reciproce ut differentiæ altitudinum, ad quas in brachio majore Mercurius successive pertingit, 18 digitis auctarum, & altitudinum, ad quas in minore Mercurius ascendit, aërem comprimi in ratione ponderum. Q. e. i.

DEMON-

DEMONSTRATIO.

Etenim ab initio aër in brachio minore CE â pondere atmoſphærico comprimitur, *per cor. 5. exp. 2.* quod æquatur cylindro Mercuriali 28 digitorum, *per exp. 5. & ej. ſchol. 1.* Jam cum cylindri æqualium baſium rationem altitudinum habeant, *per 14. Elem, 12.* tum volumina aëris reducti erunt ut altitudines ſpatiorum vacuorum â Mercurio in brachio minore, tum volumina Mercurii in brachio majore erunt ut altitudines, ad quas Mercurius aſcendit, *per prop. 9.* In aërem vero minori brachio incluſum præter pondus atmoſphæricum volumina Mercurii gravitant, quorum altitudo eſt differentia inter altitudines, ad quas in brachio minore, & altitudines, ad quas in majore ſucceſſive pertingit, prout ex hydroſtaticis manifeſtum eſt. Quare pondera aërem incluſum comprimentia ſunt ut differentiæ altitudinum, ad quas ſucceſſive in brachio minore Mercurius aſcendit, ab altitudinibus, ad quas in majore ſucceſſive pertingit 28 digitis auctæ, *per demonstrata*. Quod si adeo volumina aëris successive compressi in ratione eadem reciproca deprehendantur, aër omnino in ratione ponderum comprimitur. Q. e. d.

## COROLLARIUM.

*Mariotte* in Tentamine de Natura aëris p. 17 & seqq. notavit, Mercurio in brachio majore A D ad 18 digitorum altitudinem ascendente, eundem in minore substitisse ad 4 digitorum altitudinem. Aëris itaque volumen cum â solo pondere atmosphærico premeretur, erat 12 digitorum; ast cum premeretur â pondere atmosphærico & cylindro Mercuriali 14 digitorum, hoc est, â pondere Mercuriali 42 digitorum, erat volumen aëris compressi 8 digitorum. Est vero 8 ad 12 ut 42 ad 28, utrobique enim exponens rationis exiltit $1\frac{1}{2}$. Similiter deprehendit, si in brachio minore Mercurius ad altitudinem 6 digitorum assurgat, altitudinem in majore esse 34. Volumen ergo aëris compressi est 6 digitorum, hoc est, subduplum

plum ejus, quod habebat aër â ſolo pondere atmoſphærico preſſus. Aſt pondus premens eſt 28 + 28, hoc eſt, duplum ponderis atmoſphærici. Porro advertit, ſi altitudo Mercurii in brachio minore ſit 9 digitorum, altitudinem in majore eſſe 93. Eſt itaque volumen aëris compresſi 3 digitorum, hoc eſt, ſubquadruplum ejus, quod habebat â ſolo pondere atmoſphærico preſſus. Sed pondus premens tum eſt 84 + 28, hoc eſt quadruplum ponderis atmoſphærici. Evidens ergo per experimentum *Mariotti*, volumina aëris compresſi eſſe reciproce ut pondera prementia.

## SCHOLION I.

*De eodem experimento agit idem* Mariotte *in Tractatu de motu aquarum part. 2. diſc 2. p. 140 & ſeqq. & p. 144 monet, idem experimentum ſuccedere, ſi brachium minus EC habeat diametrum multo majorem brachii majoris AB diametro, cujus rei ratio ſatis manifeſta ex primis principiis hydroſtaticis de æquilibrio fluidorum. Majoris momen-*

*ti est monitum alterum, quod in Tractatu de Natura aëris p.33 descriptioni hujus experimenti annectit, curandum scilicet esse, ut brachii minoris amplitudo sit uniformis: cujus rationem ex demonstratione nostra paulo ante suppeditata facile superaddimus. Constat enim ex eadem, nos rationem voluminum aëris compressi per rationem altitudinum spatiorum Mercurio vacuorum, in quæ aër coarctatur, exprimere. Sed* per 14 Elem. 2. *cylindri æqualium basium sunt ut altitudines: ut ergo volumina aëris compressi altitudinum rationem habeant, amplitudo brachii minoris uniformis esse debet, seu, quod idem est, omnes sectiones basi parallelæ & inter se, & basi æquales sint necesse est.*

## SCHOLION. II.

*Idem experimentum multa cum solertia instituit* Robertus Boyle, *quæque ab ipso observata sunt, in defensione doctrinæ de elatere & gravitate aëris contra Linum part. 2. cap. 5. p. m. 42 & seqq. prolixe describit. Iteravit quoque ipsum non minore*

re

*re cum induſtria idque in quantitatibus aëris majoribus* Amontons: *& legem compresſionis aëris â* Mariotto: *ſtabilitam experientiæ ſatis conformem expertus eſt: qua de re vide Commentarios Academiæ Regiæ Scientiarum Pariſinæ A. 1705. p. m. 155 & ſeqq.*

## SCHOLION III.

*Cæterum ex reſolutione problematis manifeſtum eſt, quod in voluminibus aëris, quæ inter ſe comparantur, præter pondera comprimentia cætera omnia paria eſſe debeant. Cavendum igitur, ne eandem compresſionis legem ad diverſa aëris volumina applicemus, in quibus præter pondera comprimentia aliorum quoque aërem alterantium datur diſparitas: quoniam hoc in caſu fieri poteſt, ut elateris in duobus voluminibus æqualibus atque denſitatis ejusdem vires ſint inæquales, adeoque & pondera compresſionem aëris in utroque efficientia ſint inæqualia*, per prop. 4. *conſequenter & duo volumina aëris æqualia ab iisdem ponderibus inæqualiter comprimantur.* E. gr.

*Calor elaterem aëris intendit*, per prop. 26. *Ponamus itaque duo volumina aërea, in quibus ab initio cætera omnia sint paria: evidens est, quod paria pondera sustentare debeant. Ponamus porro alterum volumen actioni caloris exponi: rarefiet igitur ac pondus premens propellet*, per cor. 1. exp. 11. *ut ergo aër ad pristinum volumen reducatur, majus imponendum erit pondus, quam quod dilatato incumbit. Habes igitur duo volumina aëris inter se æqualia, cumque ab initio eandem densitatem habuerint*, per hypothesin, *ejusdem densitatis, quæ tamen inæqualia pondera comprimentia sustinent. Probatione autem non indiget, quod idem evenire debeat, si alia quæcunque causa aërem dilatans ejus compressioni resistat. Operæ igitur pretium est inquirere, num elater aëris ab aliis causis augeri vel minui possit, quam â pondere & calore ac frigore.*

## SCHOLION IV.

*Vanam vero esse objectionem, quod, admissa hac compressionis lege sequatur, aërem*

*rem eo usque comprimi posse, ut spatium occupet infinite parvum ejus respectu, quod ante compressionem obtinuerat, pondere sui licet in infinitum aucto, satis superque* ex prop. 5. ejusque scholiis *manifestum.*

## PROPOSITIO XXIX.
### THEOREMA XV.

Elater aëris compressi est ad elaterem dilatati uti reciproce volumen dilatati ad volumen compressi.

### DEMONSTRATIO.

Elater aëris magis compressi est ad elaterem minus compressi uti pondus isti incumbens ad pondus huic impositum, *per cor. 2. prop. 5.* Enimvero ut pondus incumbens aëri magis compresso ad pondus incumbens aëri minus compresso, ita est volumen aëris minus compressi ad volumen magis compressi, *per cor. prop. 28.* Ergo & elater aëris magis compressi est ad elaterem minus compressi seu dilatati uti reciproce volumen minus compressi seu dilatati ad volumen magis compressi. Q. e. d.

CO-

## COROLLARIUM I.

Elater igitur aëris magis compressi fortior est quam elater minus compressi.

## COROLLARIUM II.

Quoniam aër densior cæteris paribus est magis compressus, rarior minus, *per prop. 10.* elater aëris densioris cæteris paribus major quam rarioris.

## COROLLARIUM III.

Aër igitur inclusus si cæteris paribus rarior fuerit externo, minorem; si densior, majorem Mercurii aut alterius fluidi molem sustentat, quam externus

## COROLLARIUM IV.

Hinc si ex vase, sub quo collocatur tubus Torricellianus, aër educitur, *per prop. 8.* Mercurius subsidit, eo quidem magis, quo plus aëris educitur.

## COROLLARIUM V.

Contra si in idem vas aër intruditur, *per prop. 20;* Mercurius ascendit, tanto quidem magis, quo plus aëris intruditur.

## SCHOLION.

***Simili prorsus modo demonstratur, quod aër***

*aër violenter intrusus* per prop. 20, *corpora tensibilia distendat, eoque tandem non minus, ac vasa vitrea alteriusque generis disrumpat. Quæ enim in scholio præcedente de aëre externo dicta sunt, intelligantur hic de interno & contra.*

## PROPOSITIO XXX. THEOREMA XVI.

Elater aëris magis compressi est ad elaterem minus compressi ut massa aëris magis compressi ad massam aëris minus compressi sub eodem volumine contenti.

### DEMONSTRATIO.

Si aër comprimitur in spatium subduplum, subtriplum, subquadruplum &c. erit aëris primitivi duplus, triplus, quadruplus &c. in spatio simplici. Ast in spatium subduplum â duplo; in subtriplum â triplo; in subquadruplum â quadruplo &c. pondere comprimitur, *per cor. prop. 28*. Ergo in æqualibus voluminibus massæ aëris diversimode compressi in ratione

pon-

ponderum exiſtunt, *per def. 9.* Enimvero in ratione ponderum eſt etiam elater aëris, *per cor. 2 prop. 5.* Quare elater aëris magis compresſi eſt ad elaterem minus compresſi ut maſſa illius ad maſſam hujus ſub æquali volumine contentam. Q. e. d.

## PROPOSITIO XXXI. PROBLEMA XI.

Data ratione ſpatii, quod occupat aër â ſolo pondere atmoſphærico preſſus, ad ſpatium, quod occupat ulterius compreſſus, invenire vim elateris in aëre compreſſo.

### RESOLUTIO ET DEMONSTRATIO.

Cum elater aëris â ſolo pondere atmoſphærico preſſus æquetur ponderi columnæ Mercurialis eandem cum volumine aëris baſin, ſed altitudinem 28 digitorum habentis, *per cor. prop. 6.* ſi ad volumen aëris compresſi, volumen nondum compresſi & pondus iſtius columnæ Mercurialis quartus proportionalis numerus *per regu-*

*regulam trium* inveniatur, exprimet is quantitatem vis elasticæ quæsitam, *per prop.* 30. Q. e. i. & d.

COROLLARIUM.

Ergo si pondus columnæ Mercurialis à quantitate vis elasticæ inventa subtrahatur, relinquitur vis elateris, qua resistentiam atmosphæræ superat, *per cor.* 1. *ax.* 6.

## PROPOSITIO XXXII. PROBLEMA. XII.

Dato effectu, quem producit aër à solo pondere atmosphærico pressus aut in certo compressionis gradu invenire effectum, quem producturus est in alio quocunque compressionis gradu.

RESOLUTIO ET DEMONSTRATIO.

Cum effectus sint viribus productricibus proportionales, *per schol.* 1. *ax.* 3. & vires productrices in nostro casu sint reciproce ut volumina aëris in diversis compressionis gradibus, *per prop.* 29. si effectus, quem elater aëris in certo comprespressionis gradu producit, detur, effectus in alio quocunque producendus invenietur inferendo: ut volumen aëris in majore compressionis gradu ad volumen aëris in minore, ita reciproce effectus, qui in hoc casu producitur, ad effectum in isto producendum. Invenietur itaque hic *per regulam trium*. Q. e. f. & d.

COROLLARIUM I.

Quoniam pondus atmosphæricum aquam ad 31 pedum, Mercurium ad 28 digitorum altitudinem evehit, resistentia omni sublata, *per exp. 3. & 5.*, aër ad spatium subduplum compressus cum resistentiam atmosphæræ super & vi elateris ponderi atmosphærico æquali, *per cor. prop. 31.* aquam ad 31. pedum, Mercurium ad 28 digitorum altitudinem in aere ascnedere faciet, *per cor. 2. ax. 7.* Si ergo comprimatur ad spatium subtriplum, ascendere faciet ad altitudinem prioris duplam; si ad spatium subquadruplum comprimatur, ad altitudinem primæ triplam

plam ascendere faciet. Et in genere si volumen aëris à solo pondere atmosphærico pressi fuerit $=$ v, altitudo fluidi, ad quam ab elatere hujus aeris in vacuo urgetur $=$ a, volumen aëris compressi $=$ b, erit altitudo, ad quam fluidum posita atmosphæræ resistentia in statu hoc compressionis adigitur, $=$ (v -- b, a):b. Est nimirum b : v $=$ a : (av : b) *per prop. præs.* unde si tollatur effectus atmosphæra resistente impeditus $=$ a, relinquetur utique (av -- ab) : b (v $=$ -- b, a) : b; ut adeo sit in genere ut volumen aëris compressi ad differentiam ejus à volumine aëris, qui à solo pondere atmosphærico premitur, ita effectus elateri hujus debitus ad effectum elateri istius convenientem.

## COROLLARIUM II.

Enimvero dum aër vi elateris sese expandens aquam ex vase expellit, spatium ab aqua derelictum occupat, *per prop.* 7. *&* *schol. ej.* 1. adeoque rarior evadit, *per ax.* 8. consequenter vis elateris minuitur,

per

*per cor. 2. prop. 29.* ergo & effectus ab elatere pendens, *per schol. 1. ax. 3.* Salientis adeo aquæ altitudo continuo decrescit.

## SCHOLION I.

*Corollarium primum experientiæ exactæ responderet, si eadem esset aëris resistentia fluido ad quamcunque altitudinem ascendente: quod in ejus demonstratione supponitur. Enimvero quia impetus major aquæ imprimitur, si ad majorem altitudinem ascendit, quam si ad minorem, adeoque in priori casu celerius movetur, quam in posteriore; major quoque est resistentia aëris in casu priore, quam in posteriore,* per schol. ax. 2. *Ergo & altitudines, ad quas fluidum ascendit, non sunt in ratione virium impressarum, sed in ratione paulo minore.*

## SCHOLION II.

*Potest etiam problema præsens* per prop. 30. *resolvi. Sit enim quantitas aëris compressi* $= c$, *dilatati* $= d$, *effectus elateri hujus debitus* $= e$, *effectus elateri alterius conve-*

*conveniens* $= y$ *resistentia atmosphæræ* $= e$, *erit* $c : d = y : e$, per prop. cit. *adeoque* $g = ce : d$. *Hinc si subtrahatur resistentia atmosphæræ* $= e$, *relinquetur effectus in atmosphæra elateri aëris compressi congruus* $= (c - d, e) : d$, *consequenter*; ut quantitas aëris à solo pondere atmosphærico pressi sub eodem volumine contenta, ita effectus elateri istius conveniens ad effectum huic proprium.

## PROPOSITIO XXXIII.
### PROBLEMA XIII.

Dato effectu, quem producit aër à solo pondere atmosphærico pressus determinare alium compressionis gradum, in quo aër producat intra atmosphæram effectum quemcunque alium datum.

### RESOLUTIO ET DEMONSTRATIO.

Sit datorum effectuum primus $= a$, alter $= b$, volumen aëris in dato compressionisgradu $= c$, volumen in quæsito $= x$. Cum alter effectus producendus sit intra

atmo-

atmosphæram resistentē & integer tamen desideretur, quærenda erit compressio, quæ in vacuo effectum produceret æqualem agregato ex effectu desiderato & ea parte, quem aër à solo pondere atmosphærico pressus in vacuo produceret, *vi cor. 2. ax. 7.* Erit adeo effectus ab ista compressione producendus $= a + b$. Unde inferre licet, *per prop. 32.* $a + b : a = e : x$, hoc est, ut aggregatum ex effectu aëris à solo pondere atmosphærico pressi & effectu ab aëre in quæsito compressionis gradu intra atmosphæram producendo ad effectum aëris à solo pondere atmosphærico pressi, ita volumen aëris à solo pondere atmosphærico pressi ad volumen aëris in quæsito compressionis gradu. Hic itaque *per regulam trium* invenietur. Q. e. f. & d.

ALITER.

Sint effectus ut ante: sed massa aëris in dato compressionis gradu $= m$, massa in quæsito $= x$. Vi eorum quæ paulo ante demonstrata sunt, quærenda erit compressio, quæ in vacuo effectum produceret

ret æqualem aggregato ex effectu desiderato & ea parte, quam aër à solo pondere atmosphærico pressus in vacuo produceret. Unde habebimus, *per prop. 30. & schol. 1. ax. 3.* a : a + b = m : x hoc est, ut effectus aëris à solo pondere atmosphærico pressi ad aggregatum ex eodem & effectu in quæsito compressionis gradu producendo ad effectum aëris à solo pondere atmosphærico pressi, ita massa aëris à solo pondere atmosphærico pressi ad massam aëris in quæsito compressionis gradu sub æquali volumine contentam. Denuo igitur quæsitus compressionis gradus *per regulam trium determinatur.* Q. e. f. & d.

## SCHOLION I.

*Sit e. gr. determinanda ratio aëris compressi ad aërem primitivum, quæ requiritur ut aqua intra atmosphæram ad altitudinem 96 pedum propellatur. Erit in hoc casu a = 32*, per exp. 3. & ej. cor. *b = 96 sitque c = 1, reperietur* per reso-

 lutio-

lutionem primam $x = 32 : 128 = \frac{1}{4}$. *Est ergo aëris compressi volumen subquadruplum voluminis primitivi*, *Sit* $m = 1$, *reperietur per resolutionem alteram* $x = 128 : 32 = 4$. *Est ergo massa aëris compressi quadrupla massæ aëris primitivi sub eodem volumine contenti.*

SCHOLION II.

*Quodsi ratio aëris compressi ad primitivum* per prop. præс. *determinata fuerit*, *&* per prop. 23. *inveniatur numerus agitationum emboli in antlia ad istam compressionem efficiendam requisitarum*, *aër in ratione determinata actu comprimetur*, *si opus fuerit*, per prop. 20.

## PROPOSITIO XXXIV.

### PROBLEMA XIV.

Dato numero agitationum emboli in antlia factarum una cum capacitate vasis & capacitate antliæ, determinare rationem altitudinis, quam habet Mercurius in Tubo Torricelliano intra aërem primitivum ad ad altitudinem, quam obtinet intra dilatatum.

RESOLUTIO.

Sit numerus agitationum emboli $= n$, capacitas antliæ $= a$, capacitas vasis $= v$, aër primitivus $= 1$ aër dilatatus $= x$, erit $(a + v)^n : v^n = 1 : x$, *per prop. 14*, consequenter $x = v^n : (a + v)^n$.

Sit jam porro altitudo Mercurii in tubo Torricelliano intra aërem primitivum $= c$, altitudo intra dilatatum $= y$, erit $1 : v^n : (a + v)^n = c : y$ *per prop. 30 & schol. 1. ax. 3.* Ergo $y = c v^n : (a + v)^n =$ (utendo Logarithmis) $lc + nlv - nl(a + v)$, *per schol. 2. prop. 14.*

REGULA.

Ab aggregato ex Logarithmo altitudinis, quam in Tubo Torricelliano Mercurius, intra aërem primitivum habet, & facto ex numero agitationum emboli in Logarithmum capacitatis vasis subtrahatur factum ex numero agitationum emboli in aggregatum ex capacitate vasis & capacitate antliæ reſidua erit altitudo Mercurii intra aërem dilatatum in Tubo Torricelliano

SCHOLION I.

*Exemplis quoque ſingularibus applicari poteſt proceſſus, quem in univerſali adhibuimus, inveniendo ſcilicet primum rationem aëris primitivi ad dilatatum* per prop. 16. *& hinc porro rationem altitudinis Mercurii intra aërem primitivum ad altitudinem intra dilatatum*, per prop. 30.

SCHOLION II.

*Vaſis figuram, ſub quo collocandus eſt Tubus Torricellianus, ſi aër ambiens* per prop. 8. *dilatandus, refert* Fig. IX.

## PROPOSITIO XXXV.
### PROBLEMA XV.

Datis volumine aëris compreſſi, altitudine, ad quam fluidum primo momento propellitur ab elatere aëris compreſſi & quantitate fluidi expulſi, invenire altitudinem, ad quam fluidum expulſum ab elatere aëris ulterius ſeſe expandentis aſcendit.

RE-

RESOLUTIO.

Sit volumen aëris compressi $=$ v, altitudo data $=$ b, quantitas fluidi expulsi $=$ c, altitudo quæsita $=$ x. Cum aër occupet spatium à fluido expulso relictum, erit volumen aëris dilatati $= v + c$, consequenter $v : v + c = x : b$, *per prop.* 32, adeoque $bv:(v + c) = x$, hoc est, utendo Logarithmis $lb + lv - l(v + c)$

REGULA.

Ab aggregato Logarithmorum altitudinis datæ & voluminis aëris compressi subtrahatur Logarithmus aggregati ex volumine aëris compressi & volumine fluidi expulsi; differentia erit Logarithmus altitudinis quæsitæ.

COROLLARIUM.

Si fluidum saliat ex vase cylindrico vel prismatico erunt volumina fluidi expulsi ut altitudines spatiorum evacuatorum *per* 14. *Elem.* 12. Ergo altitudo fluidi salientis in primo dilatationis gradu producta est ad altitudinem productam in secundo ut aggregatum ex altitudine voluminis aëris compressi & spatii evacuati ad altitudinem voluminis aëris compressi.

SCHOLION I.

*Ex iis, quæ* in schol. 1. prop. 32. *dicta sunt, liquet, regulam modo traditam experientiæ ad amussim respondere non posse.*

SCHOLION II.

*Præterea probe considerandum, rationem hanc quam habent altitudines fluidorum ab aëre dilatato expulsorum decrescentes, æqualitate graduum dilatationis niti. Quoniam autem elater aëris minus dilatati fortior quam magis dilatati*, per cor. 1. prop. 29. *in primo dilatationis gradu fluidum celerius expellitur, quam in secundo; in secundo celerius, quam in tertio & ita porro. Quare quantitates fluidi expulsi, adeoque & altitudines spatiorum evacuatorum non sunt ut tempora, quibus evacuantur.*

PROPOSITIO XXXVI. PROBLEMA XVI.

Invenire pondus unius pedis cubici aërei.

RE-

## RESOLUTIO ET DEMONSTRATIO.

1. Sit vas ſatis capax vitreum aut metallicum figuræ ſphæricæ BC, collo oblongo AB & epiſtomio D inſtructum.
2. Ad exactam bilancem exploretur ejus pondus, dum aëre ejusdem cum ambiente externo denſitatis repletur. Quo facto,
3. educatur aër, *per prop. 8.*
4. Globi evacuati pondus ad bilancem denuo examinetur, quod
5. à pondere ſupra invento ſubductum relinquit pondus aëris educti.
6. Ut jam habeatur moles aëris educti, *per Stereometriam* inveſtigetur capacitas vaſis & *per prop. 16.* ratio aëris reſidui ad primitivum. His enim inventis invenietur moles aëris educti *per regulam trium*: qua reperta,
7. eruetur *per eandem regulam* pondus uni pedi cubico reſpondens, *uti prop. 9. & cor. prop. 12.* Q. e. f. & d.

## SCHOLION I.

*Methodo hac primum usus* Otto de Guericke, *nisi quod aëris residui ad primitivum rationem non adeo scrupulose inquisiverit, assumens, cum nihil aëris ex vase per antliam educi amplius potest, omnem prorsus eductum esse: Id quod perparum â vero aberrare ex inferius demonstrandis constabit. Videantur ipsius experimenta de Vacuo lib. 3 cap. 2. f. 101. Aliam præscribit* Gallilæus â Gallilæis, *qui primus de aëre ponderando cogitavit, in Dialog. 1 de Mechan. p. m. 72. ingeniosum admodum, sed ob leges elateris tunc temporis nondum cognitas aliquantisper deficientem. Et adhuc aliam tradit* Borellus *in Tractatu de motionibus naturalibus â gravitate pendentibus p. 157 & 159.*

## SCHOLION II.

Burcherus de Volder *in Quæstionibus Academicis de aëris gravitate thes. 48 p. 50. & seqq. usus methodo Guerickiana sequentia annotavit. Pondus vasis sphærici vitrei aëre admisso erat 7 libr. 1. Unc. 2 dr. 48 gr.*

*gr. aëre educto, 7 libr. 1 Unc. 1 dr. 31 gr. aqua admissa 16 ℔ 12 Unc. 7 dr. 14 gr. Erat igitur pondus aëris 1 dr. 12 gr. seu 77 gr. pondus aquæ 9 libr. 11. Unc. 5 dr. 43. gr. seu 74743 gr. consequenter ratio gravitatis specificæ inter aquam & aërem 74743 : 77 = 970* $\frac{53}{77}$ *: 1. Jam cum* de Volder *pedem cubicum aquæ deprehendisset 64 librarum, inferendo ut 970 ad 1 ita 64 libr seu 1024 Unc. ad numerum quartum proportionalem, per regulam trium pondus unius pedis cubici aëreis 506* $\frac{70}{97}$ *seu 507 gr. fere, hoc est 1 Unc. 0 dr. 27 gr. reperit. Procul dubio pedem adhibuit Lugdunensem Batavum, quem eundem esse cum Rhenano notat præter alios* Mallet *in Geometria practica lib. 1. p. 108. Si pes Parisinus divisus concipiatur in 1440 particulas talium Rhinlandicas, erit 1391* $\frac{3}{10}$ *juxta* Eisenschmidium *in erudita disquisitione de ponderibus & mensuris veterum Romanorum, Græcorum, Hebræorum sect. 3 cap. 1 p. 94, vel juxta* Piccardum, *notante eodem, 1392. Assumta itaque magnitudine, quam Piccardus Lugduni Batavorum deprehendit, reperie-*

 *perie-*

*perietur pondus aëris unius pedis cubici Parisini inferendo: ut 1392 ad 1440 ita 1 $\frac{27}{485}$ Unc. ad 1 $\frac{1}{11}$ Unc. quam praxime.*

SCHOLION. III.

*Quodsi cum* Hombergio *in Actis Lipſ. A. 1695 p. 283 rationem gravitatis ſpecificæ aquæ ad aërem aſſumamus ut 88 ad 1 & cum* Mariotto *in Tractatu de motu aquarum part. 2. p. 213 pondus aquæ pedis cubici Pariſini 70 librarum Pariſienſium; reperietur pondus aeris unius pedis cubici Pariſini 672 gr. ſeu 1 Unc. 3 dr. 12 gr.*

SCHOLION IV.

*Probe vero notandum, quod* de Volder *teſtetur. theſ. 48 p. 5 ſe uſum eſſe bilance,* „quæ, etiam ſi vel 25 aut 30 ℔ utrique „imponerentur lanci, grano uno alterove „addito demtove, in hanc illamve partem „manifeſte propenderet.

## PROPOSITIO XXXVII. PROBLEMA XVII.

Data baſi columnæ atmoſphæricæ invenire pondus ejus.

RESO-

## RESOLUTIO ET DEMONSTRATIO.

1. Basis data multiplicetur per altitudinem columnæ aqueæ ipsi æquiponderantis, *vi exp.* 2. ut habeatur soliditas columnæ hujus, *per notissima Stereometriæ principia.*

2. Cum investigari possit pondus unius pedis cubici aquæ ejusdem, sitque ut soliditas unius pedis cubici aquæ ad soliditatem columnæ aqueæ, super eadem basi atmosphæricæ æquiponderantis, ita pondus illius ad pondus hujus, *vi cor.* 1. *prop.* 9, pondus columnæ aqueæ, quæ atmosphæricæ super data basi æquiponderat, hoc est ipsum pondus columnæ atmosphæricæ desideratum *per regulam trium* tandem eruetur. Q. e. f. & d.

## SCHOLION I.

*Sit e. gr. basis data 547 digitorum Rhenanorum. Cum columnæ atmosphæricæ æquiponderet columna aquea super eadem basi altitudinis 31 pedum seu 372 digitorum,* per cor. exp. 2. *ductis 547 in 372 prodit soliditas columnæ aqueæ 203484 digitorum. Quare cum pes cubicus Rhenanus, hoc est, 1728 digiti Rhenani habeant pondus 64 librarum seu 1024 unciarum,* per schol. 2 prop. 36; *obtinebitur pondus columnæ atmosphæricæ quæsitum 7536 librarum & 8 unciarum quam proxime.*

## PROPOSITIO XXXVIII. THEOREMA XVII.

Vis aëris prementis corpus in aëre pendulum undiquaque æquatur ponderi cylindri aërei, cujus basis æqualis superficiei corporis, altitudo eadem cum altitudine atmosphæræ.

### DEMONSTRATIO.

Etenim aër corporis in aëre penduli superficiem undiquaque æquali vi premit, *per prop. 25.* Pressura igitur efficitur à vi, quæ æquipollet ponderi tot columnarum atmosphæricarum, quot corpus in aëre pendulum hedras habet. Sed atmosphæri-

cæ

cæ columnæ omnes in eadem â centro Terræ diſtantia eandem altitudinem habent, *per cor. 1 prop. 11* adeoque in ratione baſium exiſtunt, *per 11 Elem. 12* Omnes adeo æquantur uni cylindro aëreo, cujus baſis ſuperficiei corporis, altitudo altitudìni atmoſphæræ æqualis. Quare & vis undiquaque premens ponderi iſtius cylindri æquatur, *per prop. 9. cor. 1.* Q. e. d.

## PROPOSITIO XXXIX.

### THEOREMA XVIII.

Si vaſa fuerint aëre ejusdem cum ambiente externo naturæ plena, nullus eſt presſionis aëris ambientis in ipſa effectus; aſt ubi evacuantur, preſſio efficax evadit.

### DEMONSTRATIO.

Quoniam enim aër vaſibus incluſus cætera paria cum ambiente externo habet, *ex hypotheſi*; eandem preſſuram efficit, quam pondus atmoſphæricum *per prop. 27. cor. 1.* Sed aër ambiens corpus undiquaque ea vi premit, quæ ponderi atmoſphærico æquatur, *per prop. 38.* Ergo aeris ambientis, *per def. 12. & cor. prop. 4.* Nullus ergo eſt presſionis aëris in vas effectus, *per cor. 2. ax. 6. Quod erat unum.*

Enimvero ſi aër ex vaſibus educitur, *per prop. 8.* reſiduus expanditur, *per cor. prop. 7.* adeoque rarior evadit, *per ax. 8*, conſequenter elater ejus minuitur, *per cor. 2. prop 29.* Minus ergo reſiſtit, quam externus premit, *per def. 12. & demonſtrata.* Sequitur adeo effectus conveniens exceſſui vis extus prementis ſupra vim intus reſiſtentis, *per cor. 2. ax. 7. Quod erat alterum.*

## COROLLARIUM I.

Si ergo in vaſibus ea partium minimarum non fuerit cohæſio, ut in vaſibus presſioni aëris reſiſtere queant diffringantur neceſſe eſt vel comprimantur, *per ax. 7.*

## COROLLARIUM II.

Si vero ea ſit vaſium firmitas, ut vis aëris prementis major ad ea diffringenda vel comprimenda requiratur, opercula vaſibus

vasibus imposita vel supposita valide ipsis opprimuntur.

## SCHOLION I.

*Ex cor. 1 manifesta est ratio, cur orbis vitreus in basi superiori* (Fig. XI.) AB *coi truncati ABCD affixus aëre* per prop. 8. *ex cavitate coni educto diffringatur, in quocunque ipsius situ. Docuit autem nuper laudatus supra* Leupoldus *in Antlia pneumatica illustrata cap. 10. p. 29, quomodo in quavis coni ABCD situ aër educi possit. Conum scilicet truncatum ABCD tubo CD arcte tubum alterum CD ex parte ambienti, ut aëri quidem omnis accessus intra tubum denegetur, hic tamen circa alterum gyrari queat, afferruminari jubet. Tubo alter vasi DE afferruminatur, quod antliæ pneumaticæ more consueto applicandum. Cæterum ex natura diffractionis consequitur, orbem vitreum dissiliturum primo in superficie interiore rimas agere debere. Dum enim elater aeris externi adversus internum prævalet, vitrum necessario incurvatur, particula igitur in superficie exterio-*

*teriore comprimuntur, in interiore tenduntur. Quamprimum itaque tensio firmitate corporis superior evadit, particularum separatio fieri debet*, per ax. 7. *Vitrum adeo in superficie interiore primum rimas agere incipit. Atque hinc si duo orbes vitrei sibi mutuo super imponantur, optime præsertim politi & unguento illiniti, quo intra eos nihil aëris residui relinquatur, orbis interior primum diffringatur necesse est.*

## SCHOLION. II.

*Similiter* ex cor. 2. *redditur ratio cohæsionis duorum marmorum optime levigatorum: unde &, quæ in aëre firmiter cohærent, sub recipiente* per prop. 8. *evacuato sponte dilabuntur, Pertinet huc ulterius notissimum* Guerickii *exprimentum de duobus hemisphæriis cupreis, educto* per prop. cit. *aëre nonnisi maxima vi disjungendis; ast in vacuo (quod in minoribus experiri licet, ipsique experti sumus) sponte quoque dilabentibus: quod certe phænomenon accuratiorem explicationem meretur.*

PRO-

## PROPOSITIO XL. THEOREMA XVIII.

Determinare vim ad disjungenda duo hemiſphæria cuprea evacuata requiſitam.

## RESOLUTIO ET DEMONSTRATIO.

Cum aër hemiſphæria evacuata comprimat, *per ſchol. 2. prop. 39*, vis ea divellens major eſſe debet vi eadem utrinque comprimente, *per ax. 7.* Hæc autem æquatur ponderi cylindri aërei, cujus baſis æqualis ſuperficiei ſphæræ, altitudo autem altitudini atmoſphæræ, *per prop. 38*, conſequenter ponderi cylindri cujus baſis diameter eſt dupla diameteri hemiſphæriorum, altitudo altitudini atmoſphæræ, *per prop. 37. lib. 1. Archimed. de ſphæra & cylindro.* Per regulas itaque planimetricas ex data diametro hemisphæriorum inveniri poteſt baſis columnæ atmoſphæricæ: unde *porro per prop. 38.* reperitur pondus ipſius, quod tantillo auctum dabit vim

vim ad hemiſphæria evacuata disjungenda requiſitam. Q. e. i. & d.

## SCHOLION.

*Sit e. gr. diameter hemiſphæriorum 11″, erit diameter baſis columnæ atmoſpæricæ 22″, adeoque (ſuppoſita ratione diametri ad periphæriam 100 : 314) ipſa baſis 37994‴, quæ ducta in 3100‴ producit ſoliditatem columnæ atmoſphæricæ*, 117781400 per cor. exp. 3. *Ea ſi porro per 64 multiplicetur, & factum 7538009606 dividatur per 1000000, prodibit pondus hemiſphæria comprimens 7538 librarum. Suppoſuimus in calculo brevioris calculi gratia pedem Rhenanum æque ac Geometricum in partes decimales diviſum Cæterum cum* ex ſchol. 1 prop. 31 *colligatur, 11″ Rhenanos (ſuppoſita, ut modo dixi, pedis in 10 digitos diviſione) eſſe propemodum* $\frac{67}{100}$ *unius ulnæ Magdeburgenſis æquales; non eſt quod miremur, cur ad hemiſphæria evacuata diſtrahenda, quorum diameter erat* $\frac{67}{100}$ *unius ulnæ Magdeburgenſis, non ſufficere vires 16 equorum deprehenderit* Otto de Guericke: *quatuor nimi-*

*nimirum equis ab altera parte trahendum erat onus* 3769 *librarum. Vid.* Guerickii *Experimenta de Vacuo lib. 3. cap. 23 f. 104.*

## PROPOSITIO XLI. THEOREMA XIX.

Vires aëris diverſa hemiſphæria evacuata comprimentis habent rationem duplicatam diametrorum duplarum.

### DEMONSTRATIO.

Cum cylindri atmoſphærici hemiſphæria evacuata comprimentes eandem altitudinem habeant, *per prop. 38* erunt inter ſe ut baſes, *per 11 Elem. 12*, adeoque ut ſuperficies hemiſphæriorum, *per prop. 8 cit.* Hæ vero ſuperficies æquantur circulis, quorum diametri ſunt diametrorum hemiſphæriorum duplæ, *per cor. prop. 37. lib. 1 Archimed. de ſphær. & cylindr.* habent ergo rationem duplicatam diametrorum duplarum, *per 2. Elem. 12.* conſequenter & cylindri atmoſphærici in

eadem

eadem ratione existunt, *per demonstrata.* Jam cum iidem cylindri instar homogeneorum considerari possint, quoniam in præsente negotio, ubi solummodo ponderis habetur ratio, pro iis æquiponderantes cylindros aqueos, vel Mercuriales *per exp. 3 & 5* assumere licet, adeoque pressuræ eorundem in ratione molium existant, *per cor. 2 prop. 9*; vires quoque aëris hemisphæria diversa comprimentis erunt in ratione duplicata diametrorum duplarum. Q. e. d.

SCHOLION.

*Si e. gr. diameter hemisphæriorum ponatur dupla superioris, erit vis aëris utrinque comprimens quadrupla superioris, nempe 30172 librarum.*

## PROPOSITIO XLII. PROBLEMA XIX.

Æstimare vim ad vitrum per violentam distensionem diffringendum.

RESO-

## RESOLUTIO ET DEMONSTRATIO.

1. Aër intra vitrum *per prop 20* tamdiu comprimatur, donec diffringatur.
2. Investigetur *per prop. 21* ratio aëris compressi ad primitivum, qua data habebitur ratio elateris aëris primitivi ad elaterem aëris compressi, *per prop. 30.*
3. Quare cum elater aëris primitivi æquetur ponderi atmosphærico, *per prop. 27.* adeoque determinari possit *per prop. 37*; inveniri quoque poterit vis elastica aëris, quæ vitrum per violentam distensionem diffringere valet. Q. e. f. & d.

## PROPOSITIO XLIII. PROBLEMA XX.

Æstimare vim ad vitrum datum per violentam compressionem diffringendum.

RESO-

## RESOLUTIO ET DEMONSTRATIO.

1. Ex dato vitro educatur aër, *per prop. 8*, donec diffringatur.
2. Investigetur ratio aëris primitivi ad dilatatum, *per prop. 16*, sic quoque constabit ratio elateris aëris primitivi ad elaterem aëris rarefacti, *per prop. 30*.
3. Quoniam vero elater aëris primitivi æquatur ponderi atmosphærico, *per prop. 27*, adeoque determinari potest *per prop. 37*; inveniri quoque poterit vis elateris aëris dilatati *per regulam trium:* quæ si
4. subducatur ex pondere atmosphærico invento, relinquetur vis per violentam compressionem vitrum diffringens, *vi cor. 2. ax. 7.* Q. e. i. & d.

## PROPOSITIO XLIV. THEOREMA XX.

Intra Tubum Torricellianum major

jor columna Mercurii ſuſpenditur in locis profundioribus, quam in altioribus.

DEMONSTRATIO.

Columna enim Mercurii ſuſpenſa æquatur columnæ aëreæ, cujus eadem cum iſta baſis, ſed altitudo à ſuperficie Mercurii in vaſculo ſtagnantis usque ad extremitatem atmoſphæræ exporrigitur, *per exp. 5*. In locis vero altioribus columnæ aëreæ altitudo minor, quam in profundioribus, ſimulque denſitas minor in iſtis, quam in his, *per prop. 3*, adeoque & ipſa columna in his gravior eſt, quam in iſtis, *per cor. prop. 9 & cor. prop. 3*. Ergo & minor columna Mercurii columnæ aëreæ in locis altioribus æquiponderat, quam in profundioribus. Q. e. d.

SCHOLION.

*Veritatem hujus propoſitionis experimento confirmarunt quamplurimi. Primus de eo cogitavit* Paſcalius, *qui phænomena tubi Torricelliani maxima cum ſolertia ſcrutatus eſt, quemadmodum ex ipſius tracta-*

*tractatu de æquilibrio liquorum apparet. Notissimum est experimentum, quod in monte Arverniæ le Puy domme dicto instituit, passim Autoribus celebratum. Vid.* Borellus *in Tract. de motionibus naturalibus à gravitate pendentibus prop. 113 p. 150.* Boyle *in Nov. Exper. de Vi aëris elastica exper. 1. p. m. 13.* Otto de Guericke *in Exper. de vacuo lib. 3. cap. 30. f. 125.* Dechales *lib. 1. Stat. digr. 7. f. m. 244 Tom. 2 Mund. Mathem.* du Hamel *Phys. Gener. Tract. 2 dissert. 3 cap. 9. p. m 202 &c. Deprehendit nimirum ad radicem illius montis altitudinem Mercurii 26'' 4''', ad altitudinem perpendicularem 150 hexapedarum 25'', in vertice montis ad altitudinem 500 hexapedarum 23'' 2'''. Similiter* du Hamel *l. c. autor est, Mercurium 2''' & amplius altiorem esse in specu subterranea Observatorii Regii, quam in illius parte summa.* Borellus *Florentiæ cum aliis observavit, in altissima turri palatii ad altitudinem 50 cubitorum Mercurium descendisse decima parte unius digiti; ad altitudinem 100 cubitorum Mercurii*

*curii depresſionem altera parte decima notabiliter minorem fuiſſe. Experientias complures alias in diverſis Galliæ montibus initio hujus ſeculi ( A. 1701 ) factas deſcribit* Maraldi *in Comment. Acad. Reg. ſcient. A. 1703 p. m. 274 & ſeqq. Fuere autem obſervatores* Caſſini, Chazelles, Couplet *atque* Maraldi.

## PROPOSITIO XLV. THEOREMA XXI.

Decrementa altitudinis Mercurii in Tubo Torricelliano minorem inter ſe rationem habent quam altitudines locorum, per quæ aſcenditur.

### DEMONSTRATIO.

Quoniam per experientiam ſatis conſtat, Mercurium eſſe corpus homogeneum, gravitates partium cylindri Mercurialis in Tubo Torricelliano ſunt in ratione voluminum, per *cor. 1. prop. 9*, conſequenter ut altitudines, *per 14. Elem. 12.* Aſt aër in locis altioribus, ſpecifice levior, quam in profundioribus, *per cor. pro p3.*

partium columnæ atmoſphæricæ æquiponderantium major erit altitudo in locis altioribus, quam profundioribus, *per cor. 2. prop. 1.* Quare altitudinibus partium columnæ atmoſphæricæ æqualibus inæquales reſpondent altitudines partium columnæ Mercurialis in tubo Torricelliano, majores nempe in locis profundioribus, minores in altioribus. Decrementa igitur altitudinis columnæ Mercurialis in tubo Torricelſiano minorem inter ſe rationem habent, quam altitudines locorum, per quæ aſcenditur, *per def. 6 Elem. 5.* Q. e. d.

SCHOLION.

*Patet hoc per experimentum Paſcalianum* in ſchol. prop. præc. *adductum. Cum enim altitudines locorum eſſent ut 500 ad 150, hoc eſt, ut 10 ad 3, decrementa columnæ Mercurialis erant ut 38 ad 16, hoc eſt, ut 19 ad 8. Major vero utique eſt ratio 10 ad 3, quam 19 ad 8, quoniam ibi exponens rationis* $3\frac{1}{3}$, *hic nonniſi* $2\frac{3}{8}$.

PRO-

## PROPOSITIO XLVI. THEOREMA XXII.

Si capacitas tubi Torricelliani per rarefactionem augetur vel per condensationem minuitur; altitudo Mercurii non variatur.

### DEMONSTRATIO.

Si enim tubus rarefit, basis ejus ampliatur; si condensatur, minuitur; *per def. 16 & 17.* Quæcunque autem fuerit basis tubi, consequenter cylindri Mercurialis intra ipsum suspensi (modo tubulus capillaris non existat) â columna atmosphærica æquiponderante ad eandem altitudinem Mercurius suspenditur, *per exp. 5.* Ergo Mercurii altitudo non mutatur, sive tubus rarefiat, sive condensetur. Q. e. d.

## Propositio XLVII. PROBLEMA XXI.

Invenire altitudinem, ad quem liquor quicunque datus in fistula vacua ab aëre sustentatur.

## RESOLUTIO ET DEMONSTRATIO.

1. Inveniatur ratio gravitatis ſpecificæ liquoris dati ad gravitatem Mercurii & aquæ, *per methodos in Hydroſtatica tradi ſolitas.*

2. Cum *ex hydroſtaticis* conſtet, altitudines fluidorum in fiſtula vacua ab aëre ſuſtentatorum eſſe reciproce ut gravitates, atque *per exp. 3 & 5* dentur altitudines aquæ & Mercurii in tubo vacuo ab aere ſuſtentatorum; *per regulam trium* invenietur altitudo, ad quam liquor datus in fiſtula vacua ab aëre ſuſtentatur. Q. e. i. & d.

## PROPOSITIO XLVIII. THEOREMA XXIII.

Si in tubo Torricelliano aëris quædam quantitas ſupra Mercurio, & in genere in vaſe quocunque, cujus orificium apertum fluido immerſum, ſupra fluido relinquatur; Mercuriirius vel fluidum quodcunque alterum ad minorem altitudinem suspenditur, quam si vacuus fuerit, & pondus fluidi suspensi æquatur differentiæ elateris aëris inclusi á pondere atmosphærico.

DEMONSTRATIO.

Cum ab initio aëris inclusi elater solus ponderi atmosphærico æquetur, *per prop. 27*, Mercurius vi gravitatis propriæ descendere incipit, *per def. 6.* Ast dum descendit, aër inclusus dilatatur, *per prop. 7 & schol. ej. 1*, dum dilatatur, rarior evadit, *per ax. 8.* Ergo elater ejus minori ponderi, quam atmosphærico æquilibratur, *per cor. 2 prop. 29.* Tantum igitur Mercurii, aut alterius fluidi in tubo remanere debet quantum differentiæ elateris aëris inclusi â pondere atmosphærico æquilibratur, consequenter Mercurius ad minorem altitudinem suspenditur, quam si tubus ab aere vacuus extitisset. Q. e. d.

COROLLARIUM I.

Aër igitur in tubo Torricelliano inclusus rarior, quam ambiens externus.

COROLLARIUM II.

Et ejus elater æquatur differentiæ ponderis Mercurii suspensi à pondere atmosphærico.

COROLLARIUM. III.

Si vas exiguo orificio instructum, nec aqua aut alterius generis liquore prorsus plenum, digito ad orificium applicato, ita invertatur, ut centrum orificii in plano verticali existat, ab initio quædam liquoris gutta effluit, reliquus vero intra remanet. Idem eveniet in vase quocunque alio quantumvis amplo, si orificio folium chartaceum imponas, dum illud invertis.

## PROPOSITIO XLIX. PROBLEMA XXII.

Data ratione altitudinis fluidi in tubo ab omni aëre prorsus vacuo ad altitudinem, qua gaudet, si tubi altiqua

qua pars aëre repleatur, una cum volumine aëris dilatati, invenire volumen aëris primitivi.

RESOLUTIO.

Sit altitudo fluidi in tubo vacuo = a, in tubo non vacuo = b, volumen aëris dilatati = c, volumen primitivi = x, erit elater primitivi = a, *per prop. 27*, adeoque dilatati = a — b, *per cor. 2 prop. præc. & prop. 9*, consequenter x : c = a — b : a *per prop. 29*. Invenietur ergo x, quærendo ad a, a--b & c quartum proportionalem numerum *per regulam trium*. Q. e. f. & d.

COROLLARIUM.

Ut altitudo fluidi in tubo vacuo ad differentiam altitudinis in tubo non vacuo ab altitudine priore ita volumen aëris dilatati ad volumen primitivi.

SCHOLION.

*Sit e. gr. a = 28, b = 14, c = 25, erit x = (28 — 14, 25) : 28 = 35 : 28 = 12½, quæ prorsus consona sunt experimento Mariotti in Tentam. de Nat. aeris p. 23. & seqq.*

## PROPOSITIO L. PROBLEMA XXIII.

Data altitudine fluidi in tubo vacuo & ratione voluminis aëris primitivi ad volumen dilatati, invenire altitudinem ejusdem fluidi in tubo non vacuo.

### RESOLUTIO.

Sit altitudo fluidi in tubo vacuo $= a$, altitudo in non vacuo $= x$, volumen aëris primitivi $= b$, dilatati $= c$, erit *per demonstrata ad prop. præc.*

$$a : a - x = c : b$$

adeoque

$$x = (c - b, a) : c$$

Invenietur adeo x quærendo ad c, c—b & a *per regulam trium* numerum quartum proportionalem. Q. e. f.

### COROLLARIUM.

Ut Volumen aëris dilatati ad differentiam voluminis primitivi â volumine dilatati, ita altitudo fluidi in tubo vacuo ad altitudinem in tubo non vacuo.

SCHO-

## SCHOLION.

*Sit e.gr.* $a = 28, b = 12\frac{1}{2}, c = 25$, *erit* $x = (25 - 12\frac{1}{2}, 28) : 25 = 350 : 25 = 14$.

## PROPOSITIO LI. PROBLEMA XXIV.

Datis altitudine fluidi in tubo vacuo & volumine aëris primitivi, invenire volumen dilatati & altitudinem fluidi in tubo non vacuo datæ altitudinis.

## RESOLUTIO.

Sit altitudo fluidi in tubo vacuo $= m$, altitudo tubi ultra libellam fluidi in vase stagnantis $= a$, altitudo voluminis aeris primitivi $= b$, dilatati $= x$, erit altitudo fluidi in tubo non vacuo $= a - x$, consequenter

$$m : m - a + x = x : b$$

$$bm = mx - ax + x^2$$

hoc est, si fiat $a - m = d$,

$$bm = x^2 - dx$$

$$\frac{1}{4}d^2 \qquad \frac{1}{4}d^2$$

$$\tfrac{1}{4}d^2 + bm = x^2 - dx + \tfrac{1}{4}d^2$$

Ergo $\tfrac{1}{2}d + \sqrt{(\tfrac{1}{4}dd + bm)} = x$

REGULA.

1. Quadrato ſemidifferentiæ altitudinis fluidi in tubo vacuo ab altitudine tubi ultra libellam fluidi in vaſe ſtagnantis addatur factum ex eadem altitudine fluidi in altitudinem voluminis aëris primitivi. 2. Ex facto extrahatur radix quadrata: cui 3. addatur ſemidifferentia paulo ante memorata. Erit aggregatum altitudo voluminis aëris dilatati. Q. e i.

SCHOLION. I.

*Sit* $a = 39$, $m = 28$, *erit* $d = 11$, $\tfrac{1}{2}d = 5\tfrac{1}{2}$, $\tfrac{1}{4}dd = \tfrac{121}{4}$. *Sit* $b = 12\tfrac{1}{2}$, *erit* $bm = 350$, *adeoque* $\tfrac{1}{4}dd + bm = \tfrac{121}{4} + 350 = \tfrac{1521}{4}$, *conſequenter* $\sqrt{(\tfrac{1}{4}dd + bm)} = \tfrac{39}{2} = 19\tfrac{1}{2}$, *adeoque* $x = 5\tfrac{1}{2} + 19\tfrac{1}{2} = 25$.

COROLLARIUM.

Ergo $a - x = a - \frac{a + m}{2} - \sqrt{(\tfrac{1}{4}dd + bm)} = \frac{a + m}{2} - \sqrt{(\tfrac{1}{4}d^2 + bm)}$.

SCHO-

## SCHOLION. II.

*Si itaque omnia ſint ut in ſchol. 1. erit altitudo fluidi in tubo non vacuo* $\frac{39+28}{2} - \frac{39}{2} = \frac{28}{2} = 14$.

## PROPOSITIO LII. PROBLEMA XXV.

Data altitudine fluidi in tubo vacuo, altitudine tubi ultra libellam fluidi in vaſculo ſtagnantis & altitudine fluidi in tubo non vacuo, invenire altitudinem voluminis aëris primitivi.

## RESOLUTIO.

Sit altitudo fluidi in tubo vacuo = m, in tubo non vacuo = n & altitudo tubi = a, altitudo aëris primitivi = x, erit altitudo dilatati = a — n, conſequenter

$$m : m - n = a - n : x$$

Invenietur adeo x, quærendo ad m, m — n & a — n quartum proportionalem numerum *per regulam trium*. Q. e. f.

## SCHOLION I.

*Sit* $m = 28$, $n = 14$, $a = 39$, *erit* $x = (39 - 4, 28 - 4) : 28 = (25, 14) : 28 = 350 : 28 = 12\frac{1}{2}$.

## COROLLARIUM.

Ut altitudo fluidi in tubo vacuo, ad differentiam altitudinis fluidi in tubo non vacuo à priore altitudine, ita differentia altitudinis fluidi in tubo non vacuo ab altitudine tubi ad altitudinem voluminis aëris primitivi.

## SCHOLION II.

*Absit vero ut quis arbitretur, problemamata hactenus tradita esse inanes speculationes, quæ nullum sui præbeant usum. Habent enim usum non spernendum in exacta phænomenorum quorundam naturalium resolutione: id quod uno alteroque exemplo declarabimus in propositonibus subsequentibus.*

## PROPOSITIO LIII. PROBLEMA XXIV.

Determinare quantitatem liquoris

ris effluentis, si vas exigui orificii non plenum invertatur.

RESOLUTIO ET DEMONSTRATIO.

1. Inveniatur altitudo, ad quem liquor datus in vase vacuo ab aëre sustentatur *per prop. 47.*

2. Quoniam porro datur altitudo fluidi in vase atque altitudo totius vasis *ex hypothesi*; reperietur volumen aëris dilatati *per prop. 51.* ex quo si

3. Subducatur volumen aëris primitivi, relinquetur quantitas liquoris expellendi, si vas *juxta cor. 3. prop. 48* invertatur. Q. e. i. & d.

## PROPOSITIO LIV. THEOREMA XXIV.

Si vasis ab aëre prorsus evacuati, cujus altitudo non excedit altitudinem columnæ liquoris atmosphæræ æquiponderantis, orificium intra aquam aut alterius generis fluidum demergatur, demersique orificium aperiatur, liquor aſcendens totum replebit: aſt ſi non prorſus evacuatum fuerit minus ſpatium liquor aſcendens occupabit, quam aëris primitivi educti quantitas repleverat.

DEMONSTRATIO.

Cum enim liquor undiquaque circa orificium vaſis demerſum à pondere atmoſphærico prematur, *per cor. 5. exp. 2*, ſub orificio autem vaſis aperto nulla ſit aëris preſſura, quia ab aëre prorſus vacuum ſupponitur; tantum liquoris intra vas aſcendere debet, quantum ſufficit ad preſſuram ei æqualem efficiendam, quæ à pondere atmoſphærico efficitur, *per ax. 7, & ej. cor. 1. atque ax. 6.* Sed vaſis altitudo liquoris atmoſphæræ æquiponderantis altitudinem non excedit, *per hypotheſin*; ergo preſſura æqualis preſſuræ ponderis atmoſphærici à liquore intra vas contento effici nequit, niſi totum repleatur. Totum ergo replebitur. *Quod erat unum.*

Quodſi quædam aëris, portio reſidua fuerit, ea ſupra liquore ingrediente conſtituta

ſtituta rarior ſit neceſſe eſt quam aër primitivus, *per prop. 48.* Majus ergo ſpatium occupat, quam eum primitivo adhuc jungeretur, *per cor. ax. 8.* Quoniam adeo nonniſi ſpatium reliquum à liquore occupatur, evidens eſt, liquorem aſcendentem minus ſpatium vaſis replere, quam aëris primitivi educti quantitas repleverat: *Quod erat alterum.*

COROLLARIUM

Cum non omnis aër per antliam pneumaticam ex vaſibus educi poſſit, *per prop. 19*; vaſa *per prop. 8.* evacuata nunquam integra repleri poſſunt, eſtque volumen liquoris aſcendentis ſemper minus volumine aëris educti, *per prop. præſ.*

SCHOLION

*Hæc experientiæ admodum conſona. Certe* Schottus *in Technica curioſa lib. 1. cap. 3. p. 14 cum Herbipoli experimentum hoc ſæpius iteraretur, rem nunquam eo adduci potuiſſe, ut etiam minore recipiente adhibito omnem excluderent aërem, notat. Equidem cum aqua in recipientem*

*irru-*

*irruens ſpumeſcat , ipſe id ſignum irruentis aëris pronunciat , unde unde adveniat aut oriatur ; alii rectius ab expanſione machinularum aëris intra aquam latentis idem phænomenon deducunt , atque hinc aëris ſupra liquore conſtituti originem derivant. Enimvero quemadmodum forte negari non poteſt , quod hac ratione aër in vaſe reſiduus aliquod capiat incrementum ; ita non minus* per cor. prop. 54. *manifeſtum eſt , quod omnem aërem ſupra liquore deprehenſum ex disruptione bullularum derivare minime liceat. Accuratius vero phænomenon examinari mereretur , ut nimirum conſtaret , quantum aëris per antliam evacuari non potuerit, quantum ex ipſa aqua irruente in vacuum aſcenderit ; videmurque nobis videre aliquam methodum, qua hoc examen inſtitui poſſit : ſed rem aggredi in præſenti non datur.*

## PROPOSITIO LV. PROBLEMA XXVII.

Data, altitudine vaſis evacuati & altitudine liquoris in ipſum ingreſſi,

gressi, invenire volumen aëris primitivi educti.

RESOLUTIO.

1. Inveniatur altitudo, ad quam liquor datus in vase vacuo ab aëre sustentatur, *per prop. 47.*

2. quoniam porro datur altitudo vasis evacuati & altitudo liquoris ipsum ingressi, invenietur volumen aëris primitivi *per prop. 52.* Q. e. f. & d.

COROLLARIUM.

Quodsi quantitas aëris educti quæratur, *per prop. præs.* eademque inveniatur adhuc alia ratione, *per prop. 16*, atque eadem utrobique reperiatur; certum id erit indicium, nihil aëris ex aqua irruente in summitatem vasis ascendisse.

SCHOLION.

*Vereor tamen, ne hæ subtilitates in praxi satis discerni queant.*

## PROPOSITIO LVI. THEOREMA XXV.

Si vas quoddam AB CD aperto orifi-

orificio CD ſub aqua aut alio liquore perpendiculariter demergatur, quo profundius mergitur, eo magis aër in eodem comprimitur. (Fig. XIII.)

DEMONSTRATIO.

Cum enim aër aqua aliisque fluidis levior exiſtat, *per ſchol. 2. prop. 36*, ſi vas ABCD perpendiculariter demergitur ex eodem egredi nequit, quia in aqua deſcendere deberet, quod impoſſibile. Jam elater aëris incluſi aquam ſubjectam eadẽ vi premit, qua pondus atmoſphæricum, *per cor. 1. prop. 27*, aqua vero in eadem libella circa orificium vaſis præter pondus atmoſphæræ etiam aqua ſupra ea in vaſe ſtagnante premitur *per ax. 1. & cor. 5. exp. 2.* Magis ergo premitur circa orificium vaſis CD, quam ſub eodem, conſequenter cum aër intra vas adhuc compreſſibilis exiſtat *per cor. 1. prop. 20.* & in ratione ponderum compreſſionem patiatur, *per cor. prop. 28.* aliqua liquoris quantitas intra vas ABCD aſcendere debet, eoque major, quo

quo profundius mergitur, *per ax. 7. & ej. cor. 1.* Q. e. d.

SCHOLION

*Veritatem theorematis experientia confirmat. Inprimis huc pertinent campanæ urinatoriæ phænomena satis concinne à Sturmio in Collegio curioso part. 1. Tent. 1. p. 1. & seq. enarrata & experimento illustrata.*

## PROPOSITIO LVII. THEOREMA XXVI.

Iisdem positis, quæ in propositione præcedente, elater aëris in vase ABCD compressi una cum pondere liquoris in ipsum ingressi æquatur aggregato ex pondere atmosphæræ & pondere columnæ ejusdem fluidi, quæ eandem cum fluido ultra libellam orificii CD in vase FG stagnante altitudinem habet.

DEMONSTRATIO.

Aër in vase ABCD adhuc compressibilis

bilis existit, *per cor. 1. prop. 20.* tam diu itaque vi prementi cedit, *per ax. 7.* donec eadem in fluidum sub orificio CD pressura efficitur, quam circumcirca efficit aggregatum ex pondere atmosphærico & columna fluidi eandem cum vase basin eandemque cum fluido ultra libellam orificii vasis CD in vase FG stagnante altitudinem habens, *per ax. 6.* Sed pressura in aquam sub orificio CD fit ab elatere aëris in vase ABCD compressi & pondere liquoris ascendentis, *per cor. 1. prop. 27. & ax. 1.* Quare elater aëris in vase ABCD compressi &c. Q. e. d.

## PROPOSITIO LVIII. PROBLEMA XXVIII.

Data gravitate fluidi ultra libellam orificii vasis CD consistentis una cum volumine ejus & volumine aëris primitivi cavitatem vasis ABCD implentis, invenire volumen aëris compressi & liquoris intra vas ascendentis.

RESO-

RESOLUTIO.

Sit gravitas fluidi data $= g$, ejus volumen $= c$, pondus atmosphæricum $= a$, volumen aëris primitivi $= b$, volumen liquoris intra vas ascendentis $= x$, erit volumen aëris compressi $b - x$. Jam cum elater aëris primitivi æquetur ponderi atmosphærico, *per prop.* 27. reperietur elater aëris compressi $= ab : (b - x)$, *per prop.* 29. Et quoniam gravitates corporum homogeneorum in ratione molium existunt, *per cor.* 1. *prop.* 9. reperietur gravitas liquoris in vas ascendentis $= gx : c$. Habemus ergo

$$ab : (b - x) + gx : c = g + a \text{ per prop. 37.}$$

& reductione facta reperitur

$$x^2 - bx - cx - \frac{acx}{g} = - bc,$$

hoc est, ponendo $b + c + ac : g = d$

$$x^2 - dx = - bc.$$

Unde tandem reperitur $x = \frac{1}{2}d - \sqrt{(\frac{1}{2}dd - bc)}$.

REGULA.

1. Aggregato ex volumine aëris primitivi & volumine fluidi supra libellam

bellam orificii vaſis ſtagnantis addatur quartus proportionalis numerus ad gravitatem hujus fluidi, pondus atmoſphæricum & volumen ejus fluidi.

2. Ab hujus novæ ſemiſummæ quadrato ſubtrahatur factum ex volumine aëris primitivi in volumen fluidi ultra libellam orificii vaſis ſtagnantis.

3. Ex reſiduo extrahatur radix quadrata, quæ ſi porro.

4. Subducatur ex ſemiſumma *per n. 1.* inventa, relinquetur volumen liquoris intra vas aſcendentis Q. e. i

COROLLARIUM I.

Cum pondus liquoris vas intrantis ſit gx : c, idem ſubſtituto valore ipſius x, reperitur $= (\frac{1}{2}d - \sqrt{\frac{1}{4}dd - bc})\,g : c$.

COROLLARIUM II.

Et quia elater aëis in vaſe compreſſi eſt $= ab : b - x$, idem ſubſtituto valore ipſius x, reperitur $= ab : (b - \frac{1}{2}d + \sqrt{\frac{1}{4}dd - bc}$.

CO-

Iisdem igitur datis, quæ in propositione assumuntur, inveniri potest & gravitas sive pondus liquoris in vas intrantis, & elater aëris in ipso compressi.

## PROPOSITIO LIX. PROBLEMA XXIX.

Data profunditate vasis seu altitudine aëris primitivi in ejus cavitate contenti, invenire profunditatem, ad quam intra liquorem datæ gravitatis orificium vasis CD deprimendum, ut volumen aëris compressi habeat ad volumen aëris primitivi rationem datam.

### RESOLUTIO.

Sit altitudo voluminis aëris primitivi $= b$, pondus atmosphæricum $= a$, gravitas columnæ liquoris eandem cum vase basin habentis & supra libellam orificii constituti $= g$, ejus altitudo $= x$, altitudo aëris compressi $= c$, erit altitudo liquoris vas intrantis $= b - c$. Cum elater aëris primitivi æquetur ponderi atmosphærico,

per

*per prop.* 27. reperietur elater aëris compressi $= ab : c$ *per prop.* 29. Et quoniam gravitates corporum homogeneorum voluminum rationem habent, *per cor.* 1. *prop.* 9. erit gravitas liquoris in vas ascendentis $= (bg - gc) : x$. Ergo *per prop.* 57.

$$ab : c + (bg - gc) : x = a + g$$

$$bgc - gc^2 - acx + gcx - abx$$

$$b - c, gc : (ac + gc - ab) = x$$

THEOREMA.

Ut differentia facti ex pondere atmosphærico in altitudinem aëris primitivi a facto ex aggregato ponderis atmosphærici & gravitatis liquoris datæ in altitudinem aëris compressi, ad factum ex gravitate memorata in eandem altitudinem, ita ejusdem differentia ab altitudine aëris primitivi ad profunditatem orificii vasis infra libellam liquoris.

COROLLARIUM.

Quoniam gravitas liquoris ascendentis in cavitatem vasis $= (bg - gc) : x$, substituto valore ipsius x modo invento, nec ea latere amplius poterit.

SCHO-

### SCHOLION.

*Hactenus ſuppoſuimus, aërem, dum comprimitur, cum ambiente externo cætera paria habere. Enimvero notandum eſt, cum aqua frigidior aëre ambiente, aërem in vaſe condenſari,* per cor. 2. exp. 11. *Diſpiciendum itaque, quamnam mutationem frigus hoc inducat.*

### PROPOSITIO LX. PROBLEMA XXX.

Data capacitate vaſis h. e. volumine aëris primitivi, volumine fluidi demerſum ingreſſi & volumine fluidi ſupra orificii vaſis libellam ſtagnantis, una cum pondere atmoſphærico, invenire rationem voluminis aëris compreſſi tantum ad volumen compreſſi & condenſati ſimul.

### RESOLUTIO ET DEMONSTRATIO.

Ex datis inveniri poteſt volumen aëris

H com-

compressi, *per prop. 58.* &, si volumen fluidi vas ingressi à volumine aëris primitivi subducitur, manifestum est, relinqui volumen aëris compressi & condensati simul. Cum igitur in numeris habeatur tam volumen aëris compressi tantum, quam volumen aëris & compressi & condensati, illius ad hoc ratio latere nequit. Q. e.i.& d.

COROLLARIUM I.

Quodsi volumen aëris condensati subtrahitur ex volumine compressi, relinquetur pars voluminis, quæ condensationem metitur.

COROLLARIUM II.

Quodsi contingat, hanc differentiam esse nullam; vel aer ambiens non erit calidior aqua, vel aër compressus ab isto frigoris gradu nullam patiatur necesse est condensationem.

COROLLARIUM III.

Quodsi differentia aliqua prodeat, evidens est, aërem compressum adhuc condensatum & spatium à compresso in condensatione derelictum à liquore ascen-

d nte

dente repletum fuiſſe. Elater igitur aëris compreſſi facta condenſatione decrevit, & hoc decrementum æquatur ponderi fluidi in ſpatio derelicto contenti.

SCHOLION I.

*Suppoſuimus in hactenus demonſtratis propoſitionibus, vaſa eſſe cylindrica vel priſmatica: alias enim prolixiore ſubinde opus fuiſſet calculo.*

SCHOLION. II.

*Nec difficulter intelligitur, quæ in propoſitione præſente de aëre condenſato demonſtrata ſunt, ad rarefactum quoque applicari poſſe, ſi vas in fluido calidiore, quam aër ambiens, demergatur.*

## PROPOSITIO LXI. THEOREMA XXVII.

Si aëri externo in cavitatem antliæ ingreſſus patet, extractioni emboli non reſiſtit, niſi quatenus loco pellendus.

DEMONSTRATIO.

Si enim aëri externo in cavitatem antliæ ingressus patet, eadem est vis aëris, quæ embolum introrsum, & quæ extrorsum eundem urget, *per prop. 25*. Sed æquales nisus se mutuo tollunt, *per cor. 2. ax 6*. Ergo vis aëris embolum detrudens extractioni ejus resistere nequit. *Quod erat unum.*

Quoniam tamen embolus extrahi nequit, nisi aër ex cavitate antliæ ejiciatur, ad imprimendum aëri ejiciendo motum aliquid virium impendendum est, tanto quidem plus, quanto celerius movetur, *per schol. ax. 2.* Eatenus igitur aër extractioni emboli resistit. *Quod erat alterum.*

SCHOLION.

*Similiter se res habet cum detrusione emboli.*

## PROPOSITIO LXII.
### THEOREMA XXVIII.

Si in cavitatem antliæ aëri nullus prorsus ingressus patet, vis, qua extractioni emboli renititur, æquatur ponderi atmosphærico.

DE-

DEMONSTRATIO.

Aër enim incumbit basi superiori emboli, cumque ejus elater ponderi atmosphærico æquatur, *per prop. 6*, tanta vi eundem deprimit, quæ ponderi isti æqualis. Si itaque in cavitatem antliæ nullus aëri ingressus patet, nihil huic vi deprimenti resistit, *per def. 12.* Quare embolum extracturus eandem superare debet, *per ax. 7 & ej. cor. 1.* Aër igitur extractioni emboli resistit, *per def. cit.* eadem vi, quæ ponderi atmosphærico æquatur, *per demonstrata*, hoc est, ponderi cylindri atmosphærici, cujus eadem cum embolo basis, *per schol. prop. 27.* Q. e. d.

COROLLARIUM I.

Vis hæc, qua aër extractioni emboli renititur, recte habetur pro pondere una cum embolo extrahendo, quia ad ad eam tollendam eadem adhibenda est vis, qua opus esset ad pondus ipsi æquale extrahendum. Accrescit adeo in hoc casu embolo pondus atmosphæricum, quod æquatur ponderi cylindri Mercurialis eandem cum embolo basin, sed altitudinem 28 circiter digitorum Rhenanorum habens, *per exp. 5. & schol. ej. 1.*

COROLLARIUM II.

Ergo aër extractioni emboli in diversis antliis renititur in ratione duplicata diametrorum pistillorum, *per 14 & 2 Elem. 12.*

COROLLARIUM III.

Hinc antliam longiorem esse præstat, quam ampliorem.

COROLLARIUM IV.

Quodsi, embolo extracto, nihil aëris intra antliæ cavitatem fuerit; embolus vi aëris extus eundem prementis intra eandem repellitur, *per cor. 2 ax. 7.*

COROLLARIUM V.

Spontaneus itaque emboli in cavitatem antliæ regressus certo indicio erit, externo aëri nullum in istam patere ingressum: quod est criterium aliquod, unde antliæ perfectio æstimatur.

PROPOSITIO LXIII.

THEOREMA XXIX.

Si aër cæteris paribus in cavitatem

tem antliæ irruens rarior externo ambiente, erit elater interni ad pondus atmosphæricum ut massa aëris externi ad massam interni sub æquali volumine.

DEMONSTRATIO.

Etenim si cæteris paribus aër in cavitatem antliæ irruens rarior externo, erit elater interni ad elaterem externi ut massa interni ad massam externi sub æquali volumine *per prop. 10. & 30.* Sed elater externi æquatur ponderi atmosphærico, *per prop. 6.* Ergo elater interni est ad pondus atmosphæricum ut massa interni ad massam externi sub æquali volumine. Q. e. d.

COROLLARIUM I.

Cum elater interni resistat elateri externi, *prop. 4. & Def. 12.* externi partem sibi æqualem tollit, *per cor. 1. ax. 6.* Quare si vis elastica aëris interni subtrahatur à pondere atmosphærico, residua erit vis, qua aër externus extractioni emboli resistit.

COROLLARIUM II.

Cum in singulis emboli agitationibus

aër

aër internus rarior reddatur, *per prop. 8. & ax. 8.* in singulis quoque agitationibus emboli elater ejus minuitur, *per. cor. 2. prop. 29.* consequenter resistentia aëris externi augetur, *per cor. 1. prop. præs.*

## .COROLLARIUM.

Quoniam resistentiam aëris externi superare debet embolum extracturus, *per ax. 7. & ej. cor. 1.* ad eum extrahendum vim majorem adhibere debet pluribus, quam paucioribus emboli agitationibus jam peractis.

## PROPOSITIO LXIV. PROBLEMA XXXI.

Determinare vim, qua aër embolo extrahendo renititur in exercenda antlia.

## RESOLUTIO ET DEMONSTRATIO.

1. Si nullus in cavitatem antliæ aëri ingressus pateat, quæratur basis superior pistilli, *per communes Geometriæ practicæ regulas*, & inde porro pondus columnæ atmosphæricæ super

super eadem basi, *per prop. 38*, quod cum embolo extrahendo accrescat *per cor. 1. prop. 62*, habebitur vis, qua aër extractioni emboli renititur. *Quod erat unum.*

2. Si aër in cavitatem antliæ irruens rarior fuerit externo, quæratur ratio massæ ejus ad massam primitivi sub eodem volumine, *per prop. 16.* poteritque *per prop. 63.* inveniri elater interni, qui à pondere atmosphærico subductus relinquit vim qua aër externus extractioni emboli resistit, *per cor. 1. prop. 63.* *Quod erat alterum.*

## PROPOSITIO LXV. PROBLEMA XXXII.

Aquam vel liquorem alium in vas quoddam per exiguum tubulum immittere.

### RESOLUTIO.

Sit globus vitreus (Fig. XIV.) AB cum annexo tubulo BC, per cujus orificium

 exiguum

exiguum C liquor immittendus. Experientia ipsa loquitur, id communi more fieri non posse. Adhibeatur itaque methodus sequens:

1. Globus AB igni admoveatur per aliquod temporis spatium.
2. Mox, ubi ab igne removetur, orificium tubuli C liquori immittatur.

Dico, liquorem sua veluti sponte intra cavitatem globi AB ascensurum. Liquor igitur hac ratione per exiguum tubulum in vas immitti potest. *Q. e. f.*

DEMONSTRATIO.

Dum enim globus AB igni admovetur, aër rarefit, *per cor. exp. 11.* consequenter tanto major quantitas expelletur, quanto diutius ad ignem detinetur, *vi def. 17.* Quod si jam orificium tubuli C liquori immergatur, per eum in globum AB ascendet, dum calor expirat. Nam dum calor expirat, cæteris paribus aëris adhuc exigua portio rarior est externo ambiente, adeoque elater ejus minor quam exter-

externi, *per cor. 2. prop. 29.* consequenter quam ponderis atmosphærici, *per prop. 6.* Quare cum circa tubulum liquor à pondere atmosphærico prematur, *per cor. 5. exp. 2.* aqua per tubulum BC intra globum & B propelletur, *per ax. 7. & ej. cor. 1.* Q. e. d.

## SCHOLION

*Quodsi prima vice non tantum aëris expulsum fuerit, ut totus globus AB liquore impleri queat, eadem operatio reiteranda. Nec necesse est, liquorem in priore operatione immissum, rursus expelli, cum ipse potius ob propriam rarefactionem aëris adhuc residui expulsionem adjuvet.*

## PROPOSITIO LXIV.

## LEMMA III.

Experiri utrum Mercurius rarefieri ac condensari possit, nec ne.

## RESOLUTIO

1. Assumatur globus vitreus (Fig. XV.) AB collo longiore BC instructus & Mercurio repletus aquæ in olla contentæ totus immittatur.

2. Mox ſub olla excitetur flamma ad aquæ ebullitionem efficiendam ſufficiens.

3. Notetur, num Mercurius ex globo AB in collum CB aſcendat, dum aqua ebullit, & num iterum ſubſidat, dum cum aqua priſtino frigori redditur.

Si enim in priore caſu aſcendit, rareſit; ſi in poſteriore deſcendit, condenſatur.

DEMONSTRATIO.

Si enim intra tubum BC aſſurgit, majus ſpatium occupat, quam cum ſolam globi AB cavitatem repleret. Maſſa igitur ejus per calorem in majorem molem expanditur, *per def.* 8. Mercurius adeo rarefieri poteſt; *per def.* 17. *Quod erat unum.*

Si vero, calore rurſus expirato, Mercurius in collo ſubſidit, minus ſpatium occupat, quam cum in globo aſſurgeret. Maſſa igitur ejus frigore ad minorem molem reducitur, *per def.* 8. conſequenter Mercurius condenſari poteſt, *per def.* 16. *Quod erat alterum.* SCHO-

## SCHOLION I.

*Cum hoc experimentum caperet* Edmundus Halley, *celeberimus Professor Geometriæ Savilianus in Academia Oxoniensi, incrementa voluminis Mercurii ab initio sensibiliora, postea minus sensibilia esse deprehendit, donec tandem aqua ebulliente summum expansionis gradum acquireret, ultra quem promoveri non poterat, ebullitione quantocunque temporis spatio continuata. Unde certo colligitur, & Mercurium leni calore sensibiliter rarefieri, & calorem aquæ ebullientis determinatum habere gradum. Observavit autem in maxima Mercurii rarefactione volumen ejus increvisse* $\frac{1}{74}$ *ejus spatii, quod ante rarefactionem obtinuerat: simulque notavit, intra paucarum horarum spatium ad pristinum volumen rediisse Mercurium, globo ex aqua exemto. Vit. Transf. Anglic. A. 1693 p. 650 & seqq. ex quibus quædam excerpunt Collectores Actorum Lipsiensium Tom. 1 supplem. sect. 9. p. 434.*

SCHOLION II.

*Quoniam vero aquæ ebullientis calor habet gradum determinatum; optime largitur mensuram caloris fixam, nisi forte diversitas aquæ gradum variet.*

PROPOSITIO LXVII. THEOREMA XXX.

Si pondus atmosphæræ minuitur, Mercurius in tubo Torricelliano descendere, si illud augetur, hic ascendere debet.

DEMONSTRATIO.

Etenim columna Mercurialis intra tubum Torricellianum suspensa æquatur ponderi atmosphærico, *per schol. 1. exp. 5.* Quare si pondus atmosphæræ minuitur, Mercurius fortius deorsum nititur, quam pondus atmosphæræ resistit. Tanta igitur Mercurii portio ex tubo effluere debet, quanta differentiæ ponderis columnæ Mercurialis & ponderis atmosphærici æquatur, *per cor. 1. ax. 7 & ax. 6.* Quare si moles columnæ Mercurialis minuitur, Mercurius in tubo utique descendere debet. *Quod erat unum.*

Similiter evincitur, pondere atmosphærico aucto, Mercurium in tubo Torricelliano ascendere debere. *Quod erat alterum.*

## SCHOLION I.

*Innumeris experimentis comprobatum esse, altitudinem Mercurii in tubo Torricelliano variari, noto notus existit. Deprehenderunt autem Mathematici Parisienses, referente* Fontenellio *in Hist. Acad. Reg. Scient. A. 1704 p. m. 2 & 3, maximam Mercurii altitudinem 28″ 4‴ minimam 26″ 4″ ut adeo omnis variatio intra 2″ seu 24‴ pedis Parisini comprehendatur. Quoniam itaque constat, Mercurium condensari ac rarefieri*, per prop. 66, *dispiciendum est, num omnis illa altitudinis variatio variationi caloris debeatur, an ex parte variationi ponderis atmosphærici, inprimis cum constet, columnam Mercurialem altiorem esse tempore sereno, quam pluviali. Enim vero quoniam observationes circa tubum*

*Torri-*

*Torricellianum habitæ non minus eloquuntur, altitudinem maximam non æstate, sed hyeme attingi, ac hyeme plerumque altitudines esse majores, quam æstate; variationes altitudinis columnæ Mercurialis omnino maxima ex parte ponderis atmosphærici variationi adscribendæ. Ut igitur tubo Torricelliano ad aëris gravitatem dimetiendam uti liceat; monstrandum, quomodo pars effectus actioni caloris ac frigoris debita â parte ad pondus atmosphæricum referenda discernatur*, per schol. 6 ax. 5.

## SCHOLION II.

Carolus Leigh, *Medicus Anglus, in Historia naturali Lancastriæ, Cestriæ & jugorum Darbiæ, lib. 1. cap. 1. mutationes altitudinis Mercurii in tubo Torricelliano mutationi pauculi aëris in tubi parte vacua adhuc residui adscribit: quod alii quoque ante ipsum fecere. Enimvero utut vel maxime concedamus, nulla arte obtineri posse, ut ne minimum quidem aëris in parte tubi â Mercurio vacua relinquatur; satis tamen compertum est, mutationes altitudinis*

*tudinis Mercurii à rarefactione & condensatione aëris inclusi provenire non posse. Etenim rarefactio aëris calori, condensatitio frigori debetur, per def. 16 & 17. Ascensus itaque Mercurii incrementa frigoris, descensus incrementa caloris indicaret: contrarium tamen sæpissime experimur.* Argentum vivum, *scribit* Franciscus Tertius de Lanis *in Magist Nat. & Art. Tom. 2 lib. 6 cap. 3. f. 284, experientia trium annorum* "*confidens*, in tubo modo ascendit, modo "descendit, nec quoad hoc caloris aut "frigoris mutationibus ullatenus obtem-"perat. Nos eodem in loco Thermome-"trum habemus antiquorum more con-"structum & baroscopium: in illo autem "sæpe observamus aquam ascendere, dum "frigus aerem in superiori globo consti-"pat, & eodem tempore videmus, argen-"tum vivum in baroscopio descendere. Et "è contra sæpe contingit argentum baro-"metri ascendere, quando thermometri "aqua descendit. Ut ex hoc manifestum "sit,

"sit, hujusmodi argenti elevationem ac "depressionem à calore aut à frigore mi-"nime dependere: Immo aliquando in "summis æstivi temporis caloribus magis "elevatum argentum in tubo observavi-"mus, quam unquam fuerit in hiemali frigore. *Hactenus ille. Nos quoque ipsis hisce diebus luculentum exemplum in contrarium experti sumus. Cum enim ingruente die 17 Julii anni currentis 1708 juxta nostri barometri graduationem (cujus scala ex metallo parata ex Anglia ad nos delata est) altitudo Mercurii esset 29$\frac{7}{8}$ digitorum, in magno Thermometro Florentino, quod ad latus Barometri collocavimus, spiritum vini ad 15 gradum in graduatione caloris suspensum hærere observavimus. Die 19 Julii hor. 5 mat. liquor themometri primo gradui caloris respondebat: ast eadem ad huc erat Mercurii, quæ die 17, altitudo. Die 20 Julii hor. 5 mat. liquor thermometri quartum caloris gradum indicabat: Mercrius vero ad 29 digitum delapsus cernebatur. Apparet inde in differentia*

*rentia 14 graduum caloris eandem fuisse Mercurii elevationem: cumque calor 11 gradibus minueretur, Mercurium una digiti parte octava depressiorem apparuisse. Immo cum caloris decrementum esset 19 graduum; decrevisse altitudinem Mercurii* $\frac{3}{8}$ *unius digiti. Hæc sane hypothesi Leighianæ è diametro contraria existunt.*

## PROPOSITIO LXVIII.
### THEOREMA XXXI.

Sit globus vitreus AB cum annexo tubo (Fig. XVI.) BC, cujus orificium C aquæ immersum. Hæreat aqua pendula in tubo usque ad D. Ascendet, si aër ambiens frigidior vel gravior evadit; descendet, si evadit calidior vel levior.

### DEMONSTRATIO.

Etenim si aër ambiens frigidior redditur, refrigeratur etiam inclusus, adeoque condensatur, *per cor. 2. exp. 11.* quo facto elater ejus minuitur, *per cor. prop. 26.* Quare cum is constanter æqualis esse debeat

beat differentiæ ponderis fluidi ſuſpenſi á pondere atmoſphærico, *per cor. 2 prop. 48.* Si minuitur, pondus fluidi, conſequenter & moles ejus *per cor. 1. prop. 9* augeri debet. Aqua igitur in tubo aſcendat neceſſe eſt. Similiter ſi aër gravior redditur, aqua circa tubum magis premitur, quam ſub orificio tubi. Tantum igitur aquæ aſcendere debet, quantum ſufficit ad eandem preſſuram ſub orificio tubi efficiendam, quæ circa eandem efficitur, *per ax. 7 & ej. cor. 1. atque ax. 6. Quod erat unum.*

Contra ſi aër externus calefit, calefit quoq; incluſus, conſequenter rarefit, *per cor. 1 exp. 11.* adeoq; liquorem in tubo detrudit, *per def. 17.* Similiter eadem ratione fere demonſtratur, liquorem deſcendere, ſi aër levior redditur, qua demonſtravimus, eundem aſcendere, ſi gravior evadit. *Quod erat alterum.*

COROLLARIUM.

Ergo hoc inſtrumentum thermometrum eſſe nequit, quale eſſe voluit, qui primus de thermometris cogitavit *Drebbelius, us*, rusticus Batavus, variis inventionibus opticis clarus, nisi aliunde dirimatur, quantum in reciproco liquoris intra tubum descensu & ascensu calori ac frigori, quantum gravitati ac levitati aëris tribuendum sit, *vi def. 19 & schol. 6 ax. 5.*

## SCHOLION I.

*Accedit aliud incommodum, quo hoc thermoscopii genus premitur. Scilicet quoniam aqua hieme in glaciem abit & in glaciem abiens vasa disrumpit; hieme illud aut prorsus destruitur, aut saltem inutile redditur.*

## SCHOLION II.

*Addent scrupulosiores alterum, quod scilicet etiam vasa rarefiant & condensentur,* per cor 1 & 2 exper 8. *immo quod rarefiat & condensetur aqua,* per cor. exp. 6 & cor. exp. 7: *quod utrumque descensum aquæ justo minorem efficit, si aër calidior evaserit; ascensum itidem justo minorem, si frigidior reddatur.*

PRO-

## PROPOSITIO LXIX.
## LEMMA IV.

Experiri, utrum liquor aliquis rarefiat, nec ne, & num condensari queat.

## RESOLUTIO ET DEMONSTRATIO.

Eadem prorsus, quæ problematis subsidiarii *in prop. 66.*

## SCHOLION.

Edmundus Halley *loco supra* ad schol. prop. 66. *citato auctor est, se hac via expertum, quod spiritus vini insigniter expansus fuerit, atque ab initio celerius, postea tardius in tubulo ascenderit. Cum spiritus vini duodecima voluminis parte dilatatus esset, manus quidem aquæ calorem ferre poterat, ille tamen ebullire incipiebat, ut adeo hic subsistere cogeretur nactus gradum fixum expansionis spiritus vini, inprimis rectificatissimi, nisi (quod valde vereor) diversitatem spiritus vini hunc gradum expansionis variet, ita ut in alio minori, in alio majori caloris gradui respondeat. In*

*aqua*

*aqua exiguam notavit Hallejus expansionem, inprimis sub initium, & ebullieus augebatur $\frac{1}{26}$ circiter spatii prioris, non amplius expandenda.*

## PROPOSITIO LXX.
### PROBLEMA XXXIII.

Determinare vim elasticam aëris per eum caloris gradum rarefacti, qui aquæ ebullienti convenit.

### RESOLUTIO ET DEMONSTRATIO.

1. Assumatur globus vitreus ACD (Fig. XVII.) in Crecurvus atq; in globum terminatus, eique Mercurius infundatur, donec ad E pertingat, in longiore autem brachio ad B subsistat, aliquot nempe digitis ultra libellam Mercurii in brachio minore ob aërem in D vi elateris compressioni resistentem. Etenim si plusculum Mercurii infunditur, aër in D comprimitur, *per cor. prop. 28*, adeoque densior

densior evadit, *per prop. 10*, consequenter præter pondus atmosphæricum aliquod adhuc Mercurii pondus sustentare valet, *per cor. 3 prop. 29.*

2. Globus aquæ in olla contentæ immissus igni admoveatur, noteturque intervallum, per quod Mercurius ascendit usque ad ebullitionis momentum. Cum enim elater aëris æquetur ponderi, quod sustentat, *per prop. 5.* si columnæ Mercurii in brachio majore supra libellam in minore consistentis addatur columnæ, quæ ad datum tempus tubo Torricelliano atmosphæræ æquiponderat, *per exp. 5 & ej. schol. 1.* habebitur vis elastica aëris per eum caloris gradum rarefactum, qui aquæ ebullienti convenit. Q. e. i. & d.

COROLLARIUM I.

Amontons tribus diversis tubis, quorum capacitates æque ac capacitas globorum erant ut 1. 2. 3, experimentum instituens deprehendit, usque

que ad momentum ebullitionis aquæ Mercurium ultra B in F aſcendiſſe 9″ 10‴, hoc eſt, 10″ fere. Quare quia pondus atmoſphæricum tum erat 28″ circiter, erat elater aëris ab aqua ebulliente rarefacti 38″ circiter, adeoque ad pondus atmoſphæricum quam proxime ut 3 ad 2.

COROLLARIUM II.

Quoniam Mercurius & pondus atmoſphæricum deorſum, *per def. 6*, elater vero aëris incluſi ſurſum nititur, *per prop. 4* & vi elateris aër incluſus expanſionem ſui molitur, *per def. 14*; pondus Mercurii cum pondere atmoſphærico expanſioni aëris incluſi reſiſtit, *per def. 12*. Quare ſi vel utrumque, vel alterutrum removeatur, aër actu expandetur quantitati elateris convenienter, *per cor. 2 ax. 7*. Qnoniam vero volumina aëris ſunt reciproce ut pondera comprimentia, *per cor. prop. 28*, erit volumen aëris præter pondus atmoſphæræ pondus adhuc columnæ Mercurii 10″ altæ ſuſtentantis ad volumen dilatati, remoto hoc pondere Mercuriali, ut 28 ad 38, hoc est fere ut 2 ad 3.

COROLLARIUM III.

Cum aër ab initio paulisper comprimatur, postea vero intra aquam ebullientem rursus dilatetur, pondere Mercuriali non-dum remoto, volumen aëris præter pondus atmosphæricum columnam Mercurii 10 digitos altam sustentantis citra sensibilem errorem pro volumine aëris primitivi assumere licet, inprimis si fere tot Mercurii ex brachio minore in majus ascendit, quot ab initio ultra libellam Mercurii in majore notabatur; evidens est, volumen aëris ab aqua ebulliente rarefacti intra atmosphæram resistentem augeri quam proxime tertia sui parte.

## PROPOSITIO LXX. THEOREMA XXXII.

Vis elastica aëris, qua rarefiens expanditur, est ad elaterem aëris condensati uti reciproce volumen condensati ad volumen rarefacti.

DE-

DEMONSTRATIO.

Ponamus aërem rarefactum ea lege comprimi debere, ut idem recuperet volumen, quod condensatus obtinuerat: evidens est, tantum imponi debere pondus, quod vi elasticæ æquatur, qua expansus fuit, *per ax. 6.* Erit igitur elater aëris, qua rarefiens expanditur, ad elaterem condensati, ut pondus illud ad pondus alterum, quo condensatus premebatur, *per prop. 5.* Est vero pondus rarefacto incumbens idem, quod condensato incumbebat, *per hypothesin.* Quare elater aëris, qua rarefiens expanditur, est ad elaterem condensati ut pondus, quod sustentat à rarefactione ad pristinum condensationis volumen reductus ad pondus, quo rarefactus premitur, consequenter ut volumen rarefacti ad volumen condensati, *per cor. prop. 28.* Q. e. d.

## PROPOSITIO LXXI.
### PROBLEMA XXXIV.

Æstimare vim radiorum solarium

aut caloris alterius cujuscunque in rarefaciendo aër.

RESOLUTIO ET DEMONSTRATIO.

1. Globus vitreus (Fig. XII.) AB collo tenui BC instructus per aliquod temporis spatium radiis solaribus aut actioni alterius caloris exponatur, ut aëre interiore rarefacto, *per cor. 1. exp. 11.* aliqua ejus pars expellatur, *per def. 17.*

2. Hinc loco pristino redditi orificium liquori cuidam immergatur, notaturque altitudo liquoris, ad quam ascendit, interea temporis dum pristinus frigoris gradus redditur, *vi eorum, quæ ad prop. 65. demonstrata sunt.*

3. Ex datis pondere atmospærico, gravitate & volumine liquoris ingressi una cum volumine aëris in globo residui investigetur volumen, quod idem habet, si aëri primitivo homogeneus reddatur, *per prop. 52.*

qua

qua inventa habetur ratio aëris rarefacti ad aërem non rarefactum. Q. e. i, & d.

## SCHOLION.

*In praxi accurate observandum est, num pondus atmosphæricum idem sit sub initium rarefactionis & sub finem condensationis, alias enim non rite determinabitur volumen, quod aëri in globo residuo convenit, si externo ambienti homogeneus reddatur*, vi prop. 52. *qua eadem de causa ulterius inquirendum, num idem aëri gradus calori sit redditus, quem sub initium rarefactionis obtinuerat. Priori satisfiet inferius per tubum Torricellianum: posterius quod attinet, linteum aqua fontana recenter hausta maceratum paulo ante ra-rarefactionem, & sub finem condensationis aëris per æquale tempus applicandum.*

## PROPOSITIO LXXIII. PROBLEMA XXXV.

Thermocopium construere.

## RESOLUTIO

Cum Academici Florentini expenderent,

rent, quæ contra thermoſcopium *Drebbelianuum* non ſatis *in ſcholiis atq; eor. prop. 68.* dicta ſunt, ſeqnentem conſtructionem excogitarunt.

1. Aſſumatur globulus vitreus (Fig. XVIII.) AB gracili collo BC inſtructus atque ſpiritu vini rectificatiſſimo usque ad aliquam tubuli partem repleatur, *per prop. 65.* in plures particulas æquales ope fimbriæ chartaceæ ad latus inſtrumenti agglutinandæ dividendi.
2. Oſculum extremum C hermetice ſigilletur & inſtrumentum in ſitu tubuli verticali firmetur.

Dico, ſpiritum vini aſcenſurum calore aëris ambientis intenſo, deſcenſurum frigore illius aucto. Q. e. f.

DEMONSTRATIO.

Cum enim aëre ambiente externo calidiore facto ſpiritus vini notabiliter rareſiat, illo autem frigefacto condenſetur, *per ſchol. prop. 69.* evidens eſt, liquorem in inſtrumento Florentino aſcenſurum ſi calor aëris ambientis intenditur, *per def.* 17.

17. descensurum, si frigus ejus augeatur, *per def. 16.* Ascensus igitur liquoris incrementa caloris, descensus incrementa frigoris indicat, consequenter instrumentum Florentinum est Thermoscopium, *per def. 19.* Q. e. d.

COROLLARIUM I.

Liquor in tubo vi gravitatis suæ deorsum nititur, *per def. 6.* adeoque ex globo in ipsum ulterius ascendenti resistit, *per def 12.* tanto quidem magis, quo altius jam ascendit, *per ax. 3.* Nec hæ resistentiæ altitudinibus proportionales existunt, quia non semper eadem in liquore densitas, sed minor, si longius, major, si breviori intervallo ascendit, *per schol. 2. ax. 3. atque prop. 1. & 9.* Hæc resistentiæ irregularitas utique impedit, quo minus effectus sint viribus productricibus proportionales. Thermoscopium igitur Florentinum non est Thermometum, *per def. 19. & schol. 1. ax. 5.*

COROLLARIUM II.

Cumque *ex schol prop. 69.* manifestum

fit, remiſſiorem caloris gradum facilius cum ſpiritu vini in globo communicari quam vehementiorem; denuo intelligitur, rarefactiones ſpiritus vini non eſſe viribus productricibus proportionales, inprimis cum & vehementior caloris gradus plus liquoris in tubulo offendat, quam remiſſior, cui tamen facilius communicari poteſt calor, quam in globo ſtagnanti. Et hæc altera cauſa eſt, quæ impedit, quo minus thermoſcopium Florentinum Thermometrum eſſe poſſit, *per def. 19. & ſchol. 1. ax. 5.*

COROLLARIUM III.

Cum neceſſario aliquid aëris ſupra liquorem in tubi parte vacua exiſtat, is vi elateris deorſum nititur, *per cor. prop. 4.* adeoque aſcenſui liquoris reſiſtit, *per def. 12.* A liquore aſcendente comprimitur, *per def. 13.* Quare elater ipſius augetur, *per cor. 1. prop. 29* ab actione caloris forte ulterius intendendus, *per prop. 26.* Reſiſtentiæ hujus inæqualitas ulterius impedit, quo minus thermoſcopium Florentinum Thermo-

Thermometrum esse possit, *per def. 19 & schol. 1. ax. 5.*

COROLLARIUM IV.

Quoniam in staticis demonstratur, quod corpora gravia minorem vim adhibeant ad descendendum per plana inclinata, quam per verticale; irregularitas thermoscopii Florentini *in cor. 1* adducta magna ex parte tollitur, si tubulus admodum gracilis variis modis ita inflectatur, ut liquor per plana inclinata Horizonti propemodum parallela ascendat.

COROLLARIUM V.

Alteri irregularitati *in cor. 2* notatæ obviam quodammodo itur, si via experimentali graduatio determinetur (id quod variis modis hactenus tentatum, pro ut in scholiis docebitur) & globi convexitas utrinque complanetur, ut calor aëris ambientis ad centrum facilius pertingat.

COROLLARIUM VI.

Cum calor aquæ ebullientis non nisi volumen aëris externo ambienti homogeneum tertia sui parte augere queat *per cor. 3.*

*cor. 3 prop. 69* aër vero ambientis aeris nunquam eundem caloris gradum acquirat, teste experientia; aëri in tubi parte vacua cum conciliare debet raritas, quæ sit sesquialtera raritatis aeris ambientis, nisi metuendum sit, ne aër ex liquore in vacuum â liquore tubi partem se proripiat, ubi nimis rarus fuerit, atque sic liquorem rarefactioni minus obnoxium efficiat.

## COROLLARIUM VII.

Quodsi adeo irregularitates, quæ impediunt, quo minus thermoscopium Florentinum sit thermometrum, *per cor. 4. 5 & 6* ex parte tollantur; ex thermoscopio Florentino fere thermometrum fieri potest. Dico fere, quia irregularitates non integræ tolluntur. Etenim quoad primam aliqua adhuc remanet resistentiæ inæqualitas; quod alterum attinet, modo in scholiis ostendetur, vias experimentales graduationem determinandi esse admodum lubricas & incertas, quæ circa tertiam tollendam difficultates occurrunt, eas jam *ad cor. præc.* tetigimus.

SCHO-

## SCHOLION I.

*Ut liquoris ascendentis gradus distincte notari possint, colorari debet. Utuntur vero ad colorem rubeum inducendum radice anchusæ spiritui vini per spatium semidiurnum immittenda. Alii præferunt in tingendo spiritu vini crocum, quod eum minus inspissat.*

## SCHOLION II.

*Affirmat* Halley *in schediasmate supra* ad schol. prop. 69 *laudato, se didicisse ex iis, qui spiritum vini diu asservarunt, quod is successu temporis partem vis expansivæ amittat. Sed meretur hæc res accuratiori examini subjici: neque enim in experientiis nudis assertionibus fidem habere tutum est, vi eorum, quæ fusius à nobis explicata sunt in Act. Lips. A. 1708 p. 163 & seqq.*

## SCHOLION III.

*Dixi* in cor. 5 *variis modis tentatum hactenus fuisse graduationem thermometricam, aut potius thermoscopicam mechanicè construendi. Explicandi igitur sunt . . . nendumque, in quibus deficiant. Primo ſcilicet aliqui notant locum, in quo liquor tempore biberno hæret, dum aqua congelare incipit, iterumque alterum tempore æſtivo, dum butyrum juxta globum thermoſcopii poſitum liqueſit: Spatium intermedium in duas partes æquales dividunt, quod diviſionis punctum in ipſorum graduatione calori temperato reſpondet. Partem utramque in 10 gradus ſubdividunt, tandemque quatuor iſtiusmodi gradus infra gradum congelationis aquarum, quatuor itidem ſupra gradum liquationis butyri transferunt. Notandum vero diviſionem fieri thermoſcopio in umbra collocato, nequaquam vero radiis ſolaribus expoſito. Et ne obſervationes turbentur, verſus eandem conſtanter plagam dirigi debet thermoſcopium, in quam dirigebatur, cum diviſio abſolveretur.*

SCHOLION IV.

*Negari equidem non poteſt, methodum hanc ingenioſam videri: quodſi tamen eam accuratius conſideres, intentioni ex aſſe non reſpondet. Quæritur nimirum gradus*

*gradus fixus caloris & gradus fixus frigoris, â quo computentur gradus caloris ac frigoris reliqui, ut observationes eodem vel diverso tempore in pluribus locis factas conferre inter se liceat. Supponitur itaque in memorata* schol. præc. *graduatione congelationi aquæ cujusvis eundem gradum frigoris & liquationi butyri cujusvis eundem gradum caloris respondere ac singula thermoscopia ab eodem caloris vel frigoris gradu easdem recipere impressiones: Ast posterius fallere non ignorant illi, quibus constat thermoscopia eidem parieti affixa non eundem constanter caloris gradum ostendere, utut eadem utrique graduatio fuerit applicata. Et valde vereor, quin prius cum cura examinaturi contrarium similiter experiantur. Differunt enim aquæ inter se, differunt inter se butyra: id quod vel sola gravitatis specificæ variatio monstrat, ut alia taceamus, quæ meditantibus & experimentantibus se offerent.*

SCHOLION V.

*Suadent alii, ut globus thermoscopii nivi*

*vel glaciei multo ſale conſperſæ immittatur, & gradus, ad quem liquor ſubſiſtit, notetur. Quo facto, thermoſcopium in cellam profundam transferunt, quorſum aeris externi nihil pertingit, ut actionem aëris temperati recipiens gradum caloris temperati indicet. Denique ſpatium intermedium in 15. vel plures partes æquales dividunt, etiam ſupra gradum caloris temperati transferendas, ut graduatio integra abſolvatur.*

SCHOLION VI.

*Judicent vero accurati rerum æſtimatores, annon eadem hic recurrant, quæ* in ſchol 4. *annotavimus, impedimenta, quæ obſtant, quo minus hæc graduatio pro menſura fixa haberi queat. Immo præterea adhiberi debebat eadem nivis quantitas, eadem ſalis quantitate conſpergenda, idemque calor temperatus aëris ſubterranei. Immo numne omni nivi eidem eſt frigoris gradus? numne omni ſali eadem vis corrodendi lamellas nivis glaciales? Suppone enim, frigus à ſale nivi permixto pro-*

*produci, quatenus corrodit lamellas glaciales & abrasis superficieculis earundem interiorem nucleum summe frigidum corporibus frigefaciendis applicari facit.*

## SCHOLION VII.

*Rectius itaque acutissimus* Halley *in schediasmate sæpius laudato pro termino fixo assumit eum caloris gradum, quo spiritus vini ebullire incipit, Cæterum pace viri summi jam superius* in schol. prop. 69. *monui, quænam mihi sit ratio suspicandi, forte nec hunc gradum esse usque adeo fixum. Et licet post ipsum* Amontons *in comment. Acad. Reg. Scient. A. 1702. p. m. 210 & seqq. retinuerit ipsum gradum caloris, qui æque ebullienti convenit, dum thermoscopium Mercuriale construxit & postea in Comment. A. 1703. p. m. 63 & seqq. hujus ope Thermoscopio Florentino taleu graduationem applicari docuerit, quæ ab eodem caloris gradu reliquos computat: id tamen dubii remanet cum diversa sit aquarum gravitas specifica quæ massæ ac texturæ diversitatem arguit, num calor aquarum ebullientium omnium idem sit: unde*

opera

*operæ pretium facient rerum naturalium ſcrutatores, ſi factis accuratis experimentis inquirant, quinam ſit gravitatis fluidorum ſpecificæ ad calefactionem eorundem reſpectus.*

SCHOLION VIII.

*Nondum licet excipere, iſtiusmodi minutias in praxi non eſſe attendendas: neque enim hactenus demonſtratum, quod irregularitates â cauſis memoratis pendentes ſint minutiæ. Lis igitur adhuc pendens, nonniſi pluribus experimentis â pluribus præſertim pluribus in locis factis dirimenda:*

SCHOLION IX.

*Enimvero ponamus eventu comprobari, quod in praxi irregularitates prædictæ tanquam minutiæ inſuper haberi queant: nondum tamen pro thermoſcopio thermometrum habebis. Certo quidem judicare poteris, num idem fuerit gradus caloris in diverſis locis eodem vel diverſo tempore, num major, an minor: attamen nondum conſtabit, quænam ſit ratio unius gradus caloris ad alterum: id quod tamen â ther-*

*thermometro expectari debet*, per def. 2. & 8. *Ratio est, quod graduatio in æquales partes dividatur, quæ tamen inæquales esse debebant* vi cor. 2. prop. præs. *quodque aliæ difficultates* in corrollariis *memoratæ hac ratione nondum tollantur.*

## SCHOLION X.

Carolus *igitur* Renaldinus *in Philos. Nat. dissert.* 16 *sect.* 12 *tradit modum integram graduationem methodo experimentali determinandi, ut habeantur gradus inæquales æqualibus gradibus caloris, dum intenditur, respondentes, quam Collectores Actorum Eruditorum Lipsiensium Tom. 2 supplem. sect* 10 *p.* 453 *his verbis describunt:* "Capiatur tubus gracilis, longitudinis cir- "citer 4 palmorum, cum annexa bulla, ei- "que infundatur spiritus vini tantum, ut "sphærula glacie circumdata omnino re- "pleatur, neque tamen aliquid redundet, "orificiumque tubi sigilletur hermetice. "Deinde parentur sex vasa, quorum quod- "libet aquæ libram & aliquid amplius pot-

est "

"est recipere, & in primum infundantur "aquæ gelidæ unciæ 11, in secundum un- "ciæ 10, in tertium & sic porro. His per- "actis thermometrum mergatur in vas "primum, eique affundatur aquæ ferven- "tis uncia una, observeturque, quo usque "adscendet spiritus in collo, & locus uni- "tate notetur. Porro transferatur in vas "secundum, cui injectæ aquæ ferventis "unciæ duæ, denuoque notetur locus, ad "quem adscendit spiritus noteturque bi- "nario, & sic deinceps. Quodsi cui pla- "ceat ulterius procedere, donec tota "aquæ libra sit insumta, perfectius erit in- "strumentum elaboratum, nempe duode- "cim numeris aut asteriscis distinctum, "quibus caloris termini denotantur.

## SCHOLION. XI.

*Facile incautis imponere poterat* Renaldinus, *ut sibi persvaderent, hac ratione exactam caloris mensuram obtineri. Habes enim duodecim caloris gradus & effectus respondentes gradui uni, duplo, triplo, quadruplo* &c, *unde vicissim cognoscentur gradus*

*gradus simpli, dupli, tripli, quadrupli &c. caloris. Dabitur igitur ratio caloris hujus diei ad calorem cujuscunque alterius, consequenter calorem metiri licet*, per def. 2 *Atat! non nimis confidenter pronunciandum. Forte anguis in herba! Examinemus, quæso, supposita, ne forte aliquid esse ponamus, quod non est, sicque erroneam conclusionem pro vera eliciamus. Supponitur nos habere gradum caloris simplum, si 11 unciis aquæ gelidæ affundatur una ferventis; gradum duplum, si 10 affundantur duo; triplum, si 9 tres; quadruplum, si 8; quatuor &c. affundantur. Supponitur porro calorem simplum vi simpla, duplum dupla, triplum tripla, quadruplum quadrupla &c. uniformiter agere in spiritu vini in globo contentum: Supponitur denique, si idem effectus in thermoscopio â calore aëris ambientis producitur, qui ab aqua calida producebatur, aëri eundem competere caloris gradum, qui aquæ conveniebat. Enim vero nullum ex his suppositis verum est. Quod enim primum attinet, concedamus interea, calorem*

*aquæ*

*aquæ ferventis si frigidæ affundatur per hanc æqualiter distribui. Distribuetur adeo unus caloris gradus per partes undecim; duo per 10; tres per 9; quatuor per 8* &c. *si itaque assumamus æqualia istarum aquarum volumina, e.gr. singularum partes duodecimas, non erit calor duplus in altero, triplus in tertio, quadruplus in quarto casu &c. Fallit ergo suppositum primum: sed non minus fallit alterum: neque enim calor aquæ ferventis per frigidam, cui affunditur, æqualiter diffunditur; nec calor aquæ calidæ in spiritum vini uniformiter agit, id est, eadem vi per omne tempus actionis suæ. Prius experientiam vulgi non fugit, ut adeo id aliis experimentis & rationibus confirmari non opus sit. Posterius facillime ostenditur: Notum nimirum est, requiri aliquod temporis spatium, antequam calorem suum cum spiritu vini per globum vitreum communicet aqua calida. Sed per totum illud temporis spatium eundem calorem aqua*

*non*

*non retinet, cum eum continuo exhalet: Nequaquam igitur habentur effectus veri graduum caloris simpli, dupli, tripli, quadrupli &c. si vel maxime efficeretur, ut calor in aquis diversis sub initium immersionis globi esset nunc simplus, nunc duplus, nunc triplus, nunc quadruplus* &c. *Calor denique ambientis aëris non modo in spiritum vini in globo, sed & in tubo contentum agit, adeoque non modo istum, sed hunc quoque rarefacit,* per schol. prop 69. *Idem igitur caloris gradus aërem alium producere debet in thermoscopio effectum, quam calor ejusdem gradus in aqua: Immo nondum constat, num omnia fluida, in quibus idem est gradus caloris, eadem facilitate cum alio corpore calorem suum communicent: nec forte hæc disquisitio multum tractabilitatis promittit. Præterea si methodum Renaldinianam stricte sequaris, tubus repletur aëre, cujus elaterem non calor aquæ (nisi quatenus vapores ascendentes eundem contingunt) attamen calor ambientis aëris intendit,* per prop. 26.

26. *Utut autem is expansioni liquoris resistat; nondum tamen evictum est, num hæc resistentia vis expansivæ excessum in spiritu vini, quem modo memoravimus, superet, an eidem æquetur, an ab eadem deficiat. Apparet adeo, methodum Renaldinianam suppositis niti partim precariis, partim manifesto falsis, consequenter nullam esse rationem, cur vulgari divisioni in partes æquales hæc in partes inæquales divisio mechanica preferatur.*

SCHOLION XII.

*Majores vero difficultates occurrunt, si methodum Renaldinianam non stricte sequaris: quod fiet, si loco aquæ ferventis aquam adhibeas alterius gradus caloris, cum tum certus esse nequeas, num semper idem retentus fuerit in aqua calida caloris gradus. Necessario autem hoc faciunt, qui ultimo loco aquæ mere calidæ thermoscopium immittunt: ebullientis enim calorem spiritus vini ferre nequit, cum ipsemet ebulliat, antequam aqua ebullire incipiat. Alias circumstantias, quibus turpius peccatur, lubens omitto.* SCHO-

## SCHOLION XIII.

*Ex hactenus dictis abunde patet, quantum adhuc á perfecto thermometro absimus, quodque hactenus inventa thermoscopia omnia nonnisi confuse caloris incrementa & decrementa indicent.*

## SCHOLION XIV.

*Equidem alia thermoscopiorum genera á se inventa describit* Franciscus Tertius *de Lanis in Magist. Nat. & Art. Tom. 2 lib. 8 c. 3 f. 381 & 382: sed cum pressioni ponderis atmosphærici obnoxia sint, ea commemorare nil attinet. Excogitandi ansam dubio procul præbuit thermoscopium novum Magdeburgicum, quod ab* Ottone de Guericke *inventum primus descripsit* Schottus *in Technica Curiosa lib. 11 cap. 13. p. 871, postea ipse inventor lib. 3 Experiment. sæpius laudatorum cap. 37 f. 122. & seqq.*

## PROPOSITIO LXXIV. PROBLEMA XXXVI.

Thermoscopium aliud construere.

## RESOLUTIO.

1. Assumatur globus vitreus (Fig. XV.) AB

AB Mercurio plenus colloque longiore BC instructus & aquæ in olla contentæ totus immittatur.

2. Mox sub olla excitetur flamma, cumque aqua ebullit, tubus prope gradum, ubi tum hæret Mercurius, hermetice sigilletur. Sic f. e. q. p.

DEMONSTRATIO.

Mercurius enim refrigeratus denuo descendit in globum AB, *per schol 1. prop. 66*, adeoque tubus vacuus relinquitur. Jam si calor externi aëris globum ambientis augetur, Mercurius rarefit & in collum ascendit, *per schol. cit.* & caloris incrementum indicat. Est ergo thermoscopium, *per def. 19.* Q. e. d.

SCHOLION I.

*Thermoscopium hoc vel hieme replendum est, vel aliquid Mercurii in tubo relinquendum, antequam immittatur, ne ullus occurrat frigoris gradus non notandus.*

SCHOLION II.

*Possemus etiam hoc thermoscopio uti ad resolutionem problematis 34 in prop. 71.*

SCHO-

SCHOLION III.

*Cæterum hoc thermoſcopium iisdem defectibus laborat, quibus Florentinum, minus tamen ſenſibiliter mutationes caloris in aëre indicat. Uſus ejus ex ſubſequentibus mox eluceſcet.*

## PROPOSITIO LXXV.
### PROBLEMA XXXVII.

Invenire rationem totius ſcalæ, per quam Mercurius â maximo frigore hiemis ad maximum usque calorem æſtatis in Thermoſcopio Mercuriali aſcendit, ad ſcalam eodem temporeâ liquore in Thermoſcopio Florentino percurrendam.

### RESOLUTIO ET DEMONSTRATIO.

Affigantur thermoſcopium Mercuriale & Florentinum eidem parieti, ut easdem caloris impresſiones recipiant, noteturque ſingulis anni diebus maxima Mercurii & ſpiritus vini elevatio, ita enim

 finito

finito anno collatio prodet maximam per annum Mercurii & ſpiritus vini elevationem atque maximam depreſſionem: qua inventa, conſtat etiam, quoties ſcala Mercurialis baroſcopii contineatur in ſcala Florentini, hoc eſt, ratio illius ad hanc innoteſcit. Q. e. i & d.

## SCHOLION I.

Amontons *thermoſcopium Mercuriale conſtruxit, cum altitudo liquoris in Florentino eſſet 54″ 11‴. Quantitas Mercurii infuſi erat 757 granorum! tubi ea capacitas, ut longitudini 11 linearum pondus Mercurii 18 granorum reſponderet. Cum liquor deſcendiſſet ad 50″ 11‴ Mercurius deſcenderat per 2‴. Idem notavit per plurium annorum obſervationes, frigore maximo Pariſiis exiſtente liquorem in Thermoſcopio Florentino hæſiſſe ad altitudinem 50″; aſt calore maximo æſtivo ad altitudinem 58″. Quare cum 4″ in Florentino reſpondeant 2‴; omnem graduationem in Mercuriali colligit 4‴. Vid. Comment. Acad. Reg. Scient. Pariſ. A. 1704 p. m. 225.*

SCHO-

## SCHOLION II.

*Paulo aliter procedit* CL. Amontons, *quam nos in resolutione praecepimus. Supponit autem altitudines in thermoscopio Mercuriali esse proportionales altitudinibus in Florentino: quod equidem non demonstrat, attamen cum integra graduatio thermoscopii Mercurialis non fuerit nisi 4''', haec suppositio sensibilem parere nequit errorem. Quare & in posterum eadem utemur.*

## PROPOSITIO LXXVI. PROBLEMA XXXVIII.

Data integra scala, per quam Mercurius in thermoscopio Mercuriali à frigore maximo ad calorem maximum ascendit, invenire rationem voluminis condensati ad volumen rarefacti.

## RESOLUTIO ET DEMONSTRATIO.

1. Dum thermoscopium Mercuriale

conſtruitur, examinetur pondus Mercurii globum implentis, itemque pondus certam tubi partem implentis: ita enim per regulam trium invenire licebit, quantæ altitudinis foret tubus à Mercurio in thermoſcopio contento replendus, ſi eandem cum tubo thermoſcopii baſin habuerit, *vi cor. 1. prop. 9 & 14 Elem. 12.*

2. Similiter notetur altitudo liquoris in thermoſcopio Florentino tempore conſtructionis, quæ ſubducta ex integra ejus ſcala relinquit partem à frigore maximo usque ad gradum caloris datum percurrendum.

3. Quare ſi inferatur: ut integra ſcala Florentini ad integram ſcalam Mercurialis, ita pars ſcalæ in Florentino modo inventa ad partem ſcalæ in Mercuriali ipſi reſpondentem, per regulam trium habebitur altitudo Mercurii frigore maximo exiſtente, *vi ſchol. 2 prop. 65.*

4. Hæc

4. Hæc si dematur ex altitudine tubi *per n. 1.* inventa, relinquitur altitudo similis tubi à Mercurio condensato replendi: cui si

5. addatur integra scala Mercurii, habebitur altitudo tubi à Mercurio rarefacto replendi.

Sunt vero hi tubi inter se ut altitudines *per 14 Elem. 12.* Ergo & volumina Mercurii in iis contenta eandem rationem habent. Constat ergo ratio voluminis Mercurii maxime condensati ad volumen maxime rarefacti. Q. e. i. & d.

SCHOLION I.

Amontos *in suo thermoscopio Mercuriali pondus Mercurii 757 granorum & tubi eam capacitatem deprehendit, ut longitudini 11 linearum pondus Mercurii 18 granorum responderet, altitudine liquoris in thermoscopio Florentino existente 54″ 11‴. Ergo altitudo tubi, quem Mercurius tum explere poterat, erat 462 $\frac{11}{18}$‴, hoc est, 463‴ circiter. Quare cum residuum scalæ Mercurialis ad frigus maximum sit 2″.* per

 schol.

ſchol. 1. prop. 75; *erit altitudo Mercurii condenſati 461‴, & quia integra ſcala Mercurialis eſt 4‴*, per ſchol. cit. *erit altitudo Mercurii rarefacti 465‴. Ergo volumen condenſati ad volumen rarefacti ut 461 ad 465, ſeu ut 1 ad $1\frac{4}{461}$, hoc eſt, ut 1 $\frac{1}{115}$. ut adeo frigore maximo Pariſiis exiſtente volumen Mercurii minuatur $\frac{1}{115}$ circiter ejus, quod calore maximo exiſtente obtinet. Vid. Comment. Acad. Reg. Scient. l. c.* Halley *in ſchediaſmate aliquoties laudato decrementum hoc in Anglia facit $\frac{1}{150}$ circiter.*

SCHOLION. II.

*Quoniam gravitates ſpecificæ corporum rationem voluminum habent*, per cor 1. prop. 9. *gravitas ſpecifica Mercurii in Gallia frigore maximo exiſtente in tubo Torricell. minuitur $\frac{1}{115}$, in Anglia $\frac{1}{150}$ circiter ejus, quod calore æſtatis maximo obtinet.*

## PROPOSITIO LXXVII.
## PROBLEMA XXXIX.

Data integra ſcala in tubo Torricelricelliano, una cum ratione ſcalæ thermoſcopii Mercuriali ad ſcalam Florentini, & ratione voluminis Mercurii maxime condenſati ad volumen maxime rarefacti, invenire particulam altitudinis Mercurii influxui caloris debitam in tubo Torricelliano.

## RESOLUTIO ET DEMONSTRATIO.

Si datur ratio voluminis Mercurii maxime rarefacti ad volumen maxime condenſati, datur ratio, in qua eſt altitudo ejusdem cylindri Mercurialis, quam habet tempore caloris maximi, ad altitudinem, quam habet frigore maximo, *per 14. Elem. 12.* Ergo cum etiam detur Mercurii altitudo maxima in tubo Torricelliano, inveniri poteſt, quanta hujus pars ab influxu caloris pendere queat. Quoniam porro datur integra ſcala thermoſcopii Florentini, ſi inferatur: ut ſcala integra thermoſcopii Florentini ad incrementum voluminis cylindri Mercurialis in tubo Torricelliano a ſolo caloris influxu proficiſci valens, ita una linea in Florentino ad quartum proportionalem numerum, reperietur *vi ſchol. 2. prop. 75.* particula altitudinis Mercurii in tubo Torricelliano caloris influxui debita. Q. e. i. & d.

COROLLARIUM I.

Conſtrui igitur poteſt Tabula, quæ indicet, quot lineæ in ſcala thermoſcopii Florentini reſpondeant ſingulis lineis in variatione altitudinis cylindri Mercurialis in tubo Torricelliano caloris influxui debita.

COROLLARIUM II.

Quoniam cylindrus, Mercurii facta hac correctione, ponderi atmoſphærico æquatur, *per exp. 5. & ſchol. 1. prop. 67*, erunt gravitates aeris ut altitudines cylindrorum Mercurialium in tubo Torricelliano.

SCHOLION.

Amontons *maximam Mercurii altitudinem in tubo Torricelliano hieme deprehendit bendit* 28″ 4‴ *seu* 340‴, *quæ divisa per* 15 *dat* 3‴ $\frac{1}{25}$ *seu* 3‴ *circiter pro incremento hujus voluminis ab influxu caloris pendente*, per schol. prop. 76. *sed idem integram scalam in thermoscopio Florentino reperit* 96‴, per schol. 1. prop. 75. *Ergo uni lineæ in thermoscopio Florentino respondet* $\frac{1}{32}$ *unius lineæ in tubo Torricelliano. Hinc facilis est constructio Tabulæ. Cum enim altitudini thermoscopicæ* 58″ 0′ *respondeant* $\frac{96}{32}$ *unius lineæ in tubo Torricelliano*, *altitudini* 57″ 11‴ *respondebunt* $\frac{95}{32}$, *& ita porro.*

## PROPOSITIO LXXVIII. PROBLEMA LX.

Iisdem datis, quæ in problemate præcedente, invenire rationem integræ variationis altitudinis Mercurii in tubo Torricelliano influxui caloris debitæ ad integram variationem in tubo Torricelliano observandam.

RESOLUTIO ET DEMONSTRATIO.

1. Reperiatur quantitas variationis altitudinis Marcurii in tubo Torricelliano à mutatione caloris proficisci valentis, *per prop. præc*,

2, Per hanc dividatur integra scala omnem mutationem altitudinis Mercurii in tubo Torricelliano complexa. Ita enim constabit, quoties ista in hac contineatur, consequenter quænam sit ratio integræ variationis altitudinis Mercurii in tubo Torricelliano influxui caloris debitæ ad integram variationem in tubo Torricellicno observandam. Q. e. i. & d.

SCHOLION

*Amontons omnem variationem in tubo Torricelliano notavit 24‴. Quare cum incrementum altitudinis â calore pendens repererit 3″ erit hoc ad istum ut 1 ad 8. Unde apparet maximam hujus variationis partem â variato pondere atmosphærico pendere.*

PRO-

## PROPOSITIO LXXIX. LEMMA V.

Invenire, utrum aër transeat per poros vasium ligneorum, nec ne.

### RESOLUTIO.

1. Campanam ligneam fieri cura ad imitationem vitrearum, quarum ordinarius est usus in exprimentis ope antliæ pneumaticæ instituendis.
2. Ejus evacuationem tenta, *per prop. 8.* Quodsi enim catino firmiter adhæreat, agitatione emboli facta, certus eris, aërem poros ligni non penetrare; Sin minus, evidens erit, aërem poros ligni libere penetrare. Q. e. i.

### DEMONSTRATIO.

Etenim si aër ex cavitate campanæ ligneæ educitur, nec alius in ejus locum per poros ligni succedit, pressio aëris externi efficax evadit, *per prop.* adeoque campana evacuata catino ad antliam firmato firmiter adhæreat opus est. Ex firma igitur cohæsione campanæ cum catino certo intelligitur, aërem esse eductum, nec alium in ejus locum successisse. *Quod erat unum.*

Quodsi vero, agitatione emboli sæpius iterata, nulla sequatur cohæsio, & tamen vi *prop. 8.* aër fuerit eductus ex cavitate campanæ; necesse est, ut alius in ejus locum successerit. Quare cum nullibi aditus aëri ambienti intra cavitatem campanæ pateat, nisi per porros ligni, quos copiosus replet, *per cor. exp. 11.* per hos penetrarit opus est. Unde manifestum, aërem per poros ligni libere circulari, si, agitatione emboli sæpius iterata, effici nequeat, ut vas ligneum cum catino cohæreat. *Quod erat alterum.*

## COROLLARIUM.

Cum hoc experimento sæpius iterato nullo modo efficere potuerimus, ut vel leviter cum catino campana lignea cohæreret; nullum quoque nobis est dubium, quin aër per poros ligni libere circuletur.

PRO-

## PROPOSITIO LXXX. THEOREMA XXXIII.

Si tubus recurvus (Fig. XIX.) ABC ut Torricellianus Mercurio repletur, erit variatio altitudinis Mercurii in crure longiore AB ob variatum pondus atmosphæræ sub dupla variationis altitudinis Mercurii in tubo Torricelliano ex eadem causa contingente.

### DEMONSTRATIO.

Etenim *vi principiorum hydrostaticorum* altitudo Mercurii in brachio majore atmosphæræ æquiponderantis semper computanda est à superficie Mercurii in crure minore B c stagnantis. Ponamus jam Mercurium in crure minore CB consistere ad E, in majore AB ad D, sitque ED = 26". Aucta atmosphæræ gravitate Mercurius ascendat ex D in F, evidens est, eundem descendere debere ex E in G, atque suppositis tuborum CB & BA æqualibus diamatris, fore EG = DF. Ponamus esse EG = 1″ erit gF 28″. Quare si in tubo Torricelliano Mercurius ascendit per 2″, in tubo recurvo non nisi ex D in F, hoc est per 1″ ascendit. Est ergo variatio altitudinis Mercurii ob mutatum pondus atmosphæricum in istius modi tubo recurvo contingens subdupla variationis altitudinis Mercurii ex eadem causa contingentis. Q. e. d.

## COROLLARIUM I.

Quoniam vasculum, cui tubus Torricellianus immittitur, cruri breviori respondet; evidens est, illud tam amplum esse debere, ut Mercurius ex tubo per integram scalam delapsus altitudinem in vasculo stagnantis non sensibiliter augeat, e. gr. non nisi dimidia lineola. Ita enim Mercurius in tubo per unam lineam ascensurus propter hoc impedimentum per 1″ $\frac{1}{48}$ ascendat, quod certe vix notabile.

## COROLLARIUM II.

Cum scala integra, per quam Mercurius ascendere ac descendere solet, vix 24‴ digitos

digitos adæquans, *per schol. prop. 78* exigna admodum sit, per tubum vero recurvum ABC ad 12‴ reducatur; consultum minime est, ut is in notandis variationibus ponderis atmosphærici tubo Torricelliano præferatur.

## PROPOSITIO LXXXI. PROBLEMA XLI.

Data integra scala, per quam ascendit & descendit Mercurius, una cum diametro tubi, invenire diametrum vasculi, in quo si tubus contineatur, Mercurius ex tubo delapsus non impediat, quo minus mutationes satis notabiles existant.

### RESOLUTIO ET DEMONSTRATIO.

Totum negotium huc redit, ut impediatur, quo minus Mercurius ex tubo delapsus Mercurii in vasculo stagnantis altitudinem augeat, cum tantum altitudini in tubo decedat, quantum accedit altitudini

dini Mercurii in vasculo: id quod fiet *per cor. 2 prop. 80*, si ea sit vasculi amplitudo, ut Mercurius per integram scalam delapsus altitudinem in vasculo stagnantis non nisi dimidia lineola augeat

Sit itaq; scala Mercurialis = a, diameter tubi = b, erit supposita ratione diametri ad peripheriam ut 1 ad e, cylindrus Mercurialis intra scalam continendus $\frac{1}{4}$ ebba. Sit porro diameter vasculi = x, eum altitudo cylindri, in quem in id delapsus abire debet Mercurius, cujus modo soliditas inventa, sit $\frac{1}{2}''$, erit soliditas $\frac{1}{8}$ exx, consequenter

$$\frac{1}{8}\,exx = \frac{1}{4}\,ebba$$

$$exx = 2\,ebba$$

$$x = \sqrt{(2\,abb)}$$

THEOREMA.

Diameter vasculi, cui tubus Torricellianus immittendus, media proportionalis esse debet inter duplam scalam & quadratum diametri tubi.

SCHO-

## SCHOLION.

*Sit e.gr.* $a = 24''$, $b = 4''$, *erit* $x = \sqrt{(48,16)} = 27'''$ *seu* $28'''$ *circiter. Cæterum hinc claret, quod, si in diversis barometris adbibeantur vascula diversæ amplitudinis, ascensus & descensus intervalla in utroque æqualia esse nequeant. Ut itaque baroscopiorum concordia accuratius examinari queat, addendum est problema subsequens.*

## PROPOSITIO LXXXII. PROBLEMA XLII.

Datis diametris tubi & vasculi una cum altitudine intervalli, per quod Mercurius descendit in tubo, invenire altitudinem intervalli, per quod ascendit in vasculo & contra.

## RESOLUTIO.

Sit diameter tubi $= a$, diameter vasculi $= b$, altitudo intervalli $= c$, altitudinis Mercurii in vasculo incrementum $= x$, erit vi eorum, quæ *in præc. prop.* demonstrata sunt,

$\frac{1}{4}caac$

$$\frac{1}{4}eaac = \frac{1}{4}ebbx$$

$$aac = bbx.$$

THEOREMA.

Altitudo intervalli, per quod Mercurius in tubo descendit, est ad incrementum altitudinis Mercurii in vasculo stagnantis, uti reciproce quadratum diametri vasculi ad quadratum diametri tubi.

COROLLARIUM.

Ergo si Mercurius descendit per quodcunque intervallum c, erit verum descensus intervallum $= c + aac : bb$

## PROPOSITIO LXXXIII. PROBLEMA XLIII.

Mediante tubo Torricelliano aëris gravitatem metiri.

RESOLUTIO.

1. Construatur Tabula *per cor. 1. prop. 77*, quæ indicet, quot lineæ in scala thermoscopii Florentini respondeant singulis lineis in variatione altitudinis

tudinis Mercurii in tubo Torricelliano caloris influxui debita.

2. Notetur altitudo liquoris in thermoscopio Florentino, itemque altitudo Mercurii in tubo Torricelliano.

3. Hæc ex tabula corrigatur, & prodibit altitudo, quæ erit ad altitudines Mercurii præcedentium dierum simili ratione correctas ut gravitas aëris hoc die ad gravitatem aëris dierum præcedentium. Sic f. e. q. p.

DEMONSTRATIO.

Si Mercurius nec rarefieret, nec condensaretur, cylindri Mercuriales diverso tempore ponderi atmosphærico æquilibrati forent inter se ut gravitates atmosphæræ, *per cor. 1. prop. 9. & exp. 5*, consequenter & altitudines Mercurii in tubo Torricelliano diverso tempore diversæ forent ut gravitates atmosphæræ eisdem temporibus, *per 14. Elem. 12.* Ast si altitudines Mercurii in tubo Torricelliano observatæ ope altitudinis liquoris in thermoscomoſcopio Florentino obſervatæ ex Tabula *per cor. 1. prop. 77.* conſtructa corrigantur; erunt illæ inter ſe ut gravitates aëris *per cor. 2. prop. 77.* Itaque ope tubi Torricelliani gravitatem aëris metiri licet, *per. def. 2. & ax. 5. atque ſchol. ej. 1.* Q. e. d.

COROLLARIUM I.

Tubo igitur Torricelliano tanquam barometro uti poſſumus, *per def. 20.*

COROLLARIUM II.

Quia altitudines Mercurii in barometro per altitudines liquoris in thermoſcopio conſtanter corrigendæ, ut pondus atmoſphæræ accurate cognoſcatur; graduatio thermoſcopica & barometrica juxta eandem menſuram fieri debet.

SCHOLION I.

*Dum tubus Torricellianus Mercurio re-repletur, cavendum eſt, ne quicquam aëris ſupra eodem relinquatur: id quod niſi fiat, periculum eſt, ne aër rarefactus* per cor. 1. exp. 11. *Mercurium deprimat* per prop. 48. *ut igitur aër omnis ex parte tubi vacua excludatur, expellendæ ſunt bullulæ internæ ipſius ſuperficiei adhærentes, dum repletus, repletur carbone ſcilicet aut ferro ignito iis admoto, quæ inferiorem tubi partem occupant, ut rareſactarum* per cor. 1. exp. 11. *elatere aucto* per prop. 26. *aſcendant* vi cor. prop. 4. *& cum ſuperioribus unitæ ſumma petant. Alia adhuc ratione bullulas prædictas expelles, ſi ſcilicet ab initio tubus non totus Mercurio repletur digitoque obturatur: inclinetur, ut bullulæ ſu. ſuperficiei ejus adhærentes cum aëre reliquam tubi partem replente uniantur tuboque inverſo ſupra Mercurium aſcendant.*

## SCHOLION II.

*Quodſi tamen verearis, ne omnem penitus aërem excludere valeas; ſuadet* Franciſcus Tertius de Lanis *in Magiſt. Nat. & Art. Tom. 2. lib. 6 cap. 3 artif. 34 f. 284. ut tubi unum extremum in ſphærulam protuberet, per quam ſi pauculum aëris reſidui expanditur, elater ejus valde debilitatus nihil adverſus pondus atmoſphæræ Mercurium ſuſtentantis valeat. Reperies ibi memoratas adhuc alias quaſdam cautelas in barometri repletione obſervatu non inutiles,*

*tiles, ſcilicet quod tubi orificium immerſum vaſculi fundum attingere minime debeat, ſecus enim pondere aëris aucto diſrumpi tubum, & quod tubus ita implendus, ut Mercurius ex eo redundet, ac ejus oſculum digito fortisſime comprimendum, ne intra Mercurium & digitum aëris quidpiam remaneat facta immerſione ſumma petiturum.*

## SCHOLION III.

*Nec negandum eſt, ad excludendum tanto facilius aërem ex tubo Torricelliano non parum conducere modum barometra Mercurio replendi, quem hunc in finem commendat* CL. Hambergerus, *Mathematum ac Philoſophiæ Naturalis Profeſſor in Academia Ienenſi, in Faſciculo Diſſertationum Phyſico Mathematicarum diſſert. 7 p. 415.* "Parari curavimus, *inquit*, ex ligno ſoli-"diori vaſculum (Fig. XX.) FG, intus in "ſphæræ formam tornatum, per cujus col-"lum E ad centrum usque intruſimus cana-"lem vitreum AB, in B hermetice ſigilla-"tum, 39 digitos ſeu 3 pedes Rhenanos "cum

"cum quadrante longum & 4 grana ſeu "trientem digiti quoad diametrum inter- "næ cavitatis latum, quem ope cæmenti "in hoc ſitu probe firmavimus, & una cum "vaſculo per ligamenta metallica annexi- "mus fulcro. Quo facto inclinavimus "totam machinam in ſitum Horizonti pa- "rallelum & per orificium C mediante in- "fundibilo chartaceo immiſimus Mercu- "rium in vaſculum; qui poſtquam illud "ultra dimidium replevit, canalem lente "ingreſſus eſt, aëreque propter canalis ca- "pacitatem haud difficulter cedente to- "tum occupavit.

## SCHOLION. IV.

*Quantam cunque autem adhibueris in excludendo aëre ex parte tubi vacua diligentiam, vix tamen fieri poterit, ut omnem penitus excludas: id quod tam* Boylius *in Continnat. Novor. Experiment. &* Hambergerus *l. c. fatentur. Ratio eſt, quod in ipſo Mercurio aëris nonnihil latitet, ex quo in vacuum aſcendit. Quoniam tamen citra ſui expanſionem vix 6000 mam partem*

*partem ſpatii â Mercurio derelicti occupat, & aër â ſummo calore ferventis aquæ expanſus vix tertia voluminis priſtini parte augeatur,* per cor. 3 prop. 70, *minime metuendum fore, ut calor ac frigus in altitudinem influant.*

## SCHOLION V.

*Cæterum non opus eſt, ut vaſculum ligneum, in quo ſtagnat Mercurius, orificium habeat apertum: quoniam aër libere per lignum circulatur,* vi cor. prop. 79. *Noſtrum certe barometrum non modo vaſculum habet undiquaqe probe clauſum; ſed præterea thecæ alteri ligneæ includitur, vix quicquam aëris externi ad ſuperficiem vaſculi admittenti. Hoc tamen non obſtante mutationes in altitudine Mercurii conſueta ratione contingunt.*

## SCHOLION I.

*Non defuere, qui in eo operam ſuam collocarunt, ut mutationes ſenſibiliores evaderent,* Carteſius *primum, poſtea quoque* Hugenius, *commendarunt tubum* (Fig. XXI.) *AB vaſe cylindrico CD inſtructum,* &

*& dimidium vasis una cum quadam tubi superioris parte aquæ reliquam vasis partem ac tubum inferiorem Mercurio repleri jusserunt. Advertit vero* Hugenius *votis non respondere eventum. Etenim aër in aqua contentus vinculis suis sese liberabat & partem tubi superioris vacuam replebat: quo facto, aër inclusus cum rarefieret,* per cor 1. exp. 11. *& condensaretur* per cor. 2. exp. cit. *thermoscopii quoque mutationes huic baroscopio conciliavit.*

## SCHOLION VII.

*Cum itaque didicisset, consultius esse, ut Mercurius locum vacuo proximum occupet; sequentem baroscopii compositi structuram excogitavit.* (Fig. XXII.) *ADG est tubus recurvus in A hermetice sigillatus, in G vero apertus. Vasa cylindrica BC & FE sunt inter se æqualia & intervallo 27½ digitorum distant, quanta scilicet est Mercurii in media aëris gravitate altitudo in baroscopio simplici. Altitudo unius vasis est circiter 1″, diameter quoque 1″ vel 15‴, diameter tubi 1‴. Machi-*

 *næ*

*næ huic primum infunditur Mercurius, dum baroſcopium ſimplex mediam aëris gravitatem indicat, ita quidem ut à medietate cylyndri FE ad medietatem alterius BC aſſurgat, reliquo ſpatio ad A usque vacuo non ſolum à Mercurio, ſed ipſo etiam aëre craſſiore. Poſtea quoque infunditur aqua communis cum parte ſexta aquæ regiæ permixta, ne frigore in glaciem vertatur, donec in tubo GF ad altitudinem unius pedis conſtituatur. Cum jam Mercurius ultra libellam Mercurii in vaſculo FE contenti per tubum AD aſſurgens ponderi atmoſphærico & liquoris æquilibretur; aucto atmoſphæræ pondere, augeri debet columna illa Mercurialis, conſequenter liquor deſcendet: aſt imminuto atmoſphæræ pondere columna prædicta Mercurialis quoque imminui debet, conſequenter liquor aſcendet.*

SCHOLION VIII.

*Utut vero hoc baroſcopium multo minores gravitatis aëreæ mutationes indicet, quam tubus Torricellianus; id tamen habet*

*bet incommodi, quod aqua in vapores abeat, adeoque observationes turbet. Equidem ad impediendam evaporationem, gutta olei ex amygdalis dulcibus expressi instillari solet, liquori innatatura: sed quod omnis impediatur, merito dubitamus. Praeterea non modo Mercurius, sed & aqua*, vi schol. prop. 69. *rarefit & condensatur: quod denuo observationes turbat, utut dilatationes Mercurii & aquae ex parte se mutuo tollant. Ostendit* Amontons *in Comment. Acad. Reg. Scient. A. 1704. p. m. 226. & seqq. item p. 367. & seqq. quomodo observationes hujus quoque baroscopii per observationes thermoscopicas corrigendae; sed praeterquam quod aquae spiritum vini facile evaporandum substituat; ipsa etiam corrigendi ratio molestior paulo est.*

## PROPOSITIO LXXXIV.
## PROBLEMA XLIV.

Datis diametris tuborum & vasculorum una cum altitudinibus intervallorum, per quae Mercurius de-

 scen-

ſcendit, invenire, utrum Barometra concordent, necnec.

RESOLUTIO.

Quærantur *per cor. prop. 82.* vera deſcenſus intervalla in eadem menſura, quæ ſi utrinque æqualia reperiantur, evidens eſt, barometra inter ſe concordare; ſin minus, diſcordare. Q. e. i. & d.

SCHOLION.

*Apparet adeo ad judicandam duorum vel plurium barometrorum concordiam, aut veram intervallorum aſcenſus differentiam non ſufficere, ut utrique eadem graduatio applicetur, niſi* per prop. 81. *utriusque vaſculi ea fuerit facta amplitudo, ut Mercurius ex tubo delapſus gravitate atmoſphæræ imminuta, altitudinem in vaſculo ſtagnantis ſenſibiliter non variet.*

PROPOSITIO LXXXV.
PROBLEMA XLV.

Data ratione gravitatis ſpecificæ fluidi

fluidi cujuscunque ad gravitatem Mercurii & altitudine fluidi ſupra Mercurio in vaſculo ſtagnantis invenire altitudinem, ad quam Mercurius ultra terminum conſuetum aſcendere debet.

RESOLUTIO.

Inferatur: ut gravitas Mercurii ad gravitatem fluidi, ita reciproce altitudo fluidi ſupra Mercurio in vaſculo ſtagnantis ad altitudinem, ad quam Mercurius ultra terminum conſuetum aſcendit. Q. e. i.

DEMONSTRATIO.

Cum in hydroſtaticis demonſtretur fluidorum æquilibratorum pondera in ratione altitudinum reciproca, erit utique ut gravitas Mercurii &c. Q. e. d

## PROPOSITIO LXXXVI. THEOREMA XXXIV.

Si tubus Torricellianus (Fig. XXIII.) AB inclinatur, erit cylindrus Mercurialis atmoſphæræ æquiponderans ad cylindrum Mercuria-

 lem

lem eidem in ſitu tubi verticali æquiponderantem ut longitudo tubi AB ad altitudinem ejus BC.

DEMONSTRATIO.

Loco ponderis atmoſphærici egreſſum Mercurii ex tubo AB per oſculum A impedientis concipiatur cylindrus Mercurialis iſti æquiponderans in tubo verticali ad A reſiſtere; evidens eſt ex principiis hydroſtaticis fore gravitatem hujus cylindri ad gravitatem Mercurii in tubo AB ſuſtentati ut altitudinem AB ad longitudinem tubi BA. Ergo & gravitas Mercurii in tubo inclinato AB ſuſtentati eſt ad pondus atmoſphæræ ut AB ad BC. Q. e. d.

COROLLARIUM I.

Si altitudo BC fiat longitudinis tubi vel ſubtripla, vel ſubquadrupla; mutationes barometri duplo, vel triplo ſenſibiliores evadunt.

COROLLARIUM II.

Quod ſi AB aſſumatur pro ſinu toto, *ex Trigonometria* conſtat, fore CB ſinum anguli inclinationis BAC. Eſt ergo gravitas

vitas Mercurii in tubo inclinato ponderi atmosphærico æquiponderantis ad pondus atmosphæricum ut sinus totus ad sinum anguli inclinationis.

COROLLARIUM III.

Si vero AC assumatur pro sinu toto, erit BC tangens & AB secans auguli inclinationis BAC; consequenter cylindri Mercurialis atmosphæræ in tubo inclinato AB æquiponderantis gravitas erit ad pondus atmosphæricum ut secans anguli inclinationis ad tangentem ejusdem.

COROLLARIUM IV.

Ergo & scala integra, & singula intervalla ascensus descensusque Mercurii reciproci in tubo inclinato AB. ob variationes ponderis atmosphærici erunt ad scalam integram & ad singula intervalla ascensus descensusque reciproci in situ ejusdem tubi verticali ut Siinus totus ad Sinum anguli inclinationis, vel ut secans anguli inclinationis ad tangentem ejusdem anguli.

## PROPOSITIO LXXXVII. PROBLEMA XLVI.

Data longitudine ſcalæ, per quam Mercurius nunc aſcendit, nunc deſcendit in tubo verticaliter erecto, invenire angulum inclinationis tubi inclinandi, ut ſcala, per quam Mercurius in ipſo nunc aſcendit, nunc deſcendit, habeat ad ſcalam datam rationem datam.

### RESOLUTIO.

Sit longitudo ſcalæ in tubo verticali = a, quia datur ratio ſcalæ in inclinato ad ſcalam in verticali, datur etiam ſcala ipſa in inclinato, quæ ſit = b; ſit porro ſinus totus = t erit utendo Logarithmis *per cor. 4. prop. 86. & ſchol. 2. prop. 14.* lx = la + lt − lb. Q. e. i.

## PROPOSITIO LXXXVIII. PROBLEMA XLVII.

Sit vaſculum (Fig XXIV.) AB ab aëre vacuum, eique connexus tubus recur-

recurvus vitreus BCD. Data diametro tubi invenire diametrum vasculi, ita quidem, ut scala descensus Mercurii in tubo DC habeat ad scalam ascensus in vasculo AB rationem datam.

RESOLUTIO.

Sit diameter tubi $=$ a, ratio scalarum b : c, diameter vasculi $=$ x, evidens est, tantum Mercurii in vasculum ascendere, quantum per aëris gravitatem in tubo DC deprimitur. Posita itaque ratione diametri ad peripheriam circuli 1 : e, cum sit quantitas Mercurii in tubo depressi $\frac{1}{4}$ caab, & quantitas vasculum ingressi $\frac{1}{4}$ecxx, erit

$$\tfrac{1}{4}eaab = \tfrac{1}{4}ecxx$$

adeoque

$$aab = cxx$$

$$c : b = aa : xx$$

THEOREMA.

Quadratum diametri tubi est ad quadratum diametri vasculi ut reciciproce ſcala aſcenſus in vaſculo ad ſcalam deſcenſus in tubo.

COROLLARIUM I.

Si ergo ſcala barometri ordinarii ſcalæ deſcenſus Mercurii in tubo DC ſubquadrupla eſſe debeat, & diameter tubi fuerit 4‴, erit diameter vaſculi 8‴

COROLLARIUM II.

Cum ſcala ordinaria ſit 24″ ſeu 2′, *per ſchol. prop.* 78. erit ſcala deſcenſus in tubo DC 10″.

## PROPOSITIO LXXXIX.

### PROBLEMA XLVIII.

Datis diametro tubi DC & diametro vaſculi AB una cum ſcala Mercurii in vaſculo, invenire ſcalam ejusdem in tubo.

RESOLUTIO.

Inferatur *per theorema præcedens*: ut Quadratum diametri tubi ad Quadratum diametri vaſculi, ita reciproce ſcala Mercurii in vaſculo ad ſcalam ejusdem in tubo. Q. e. i.

PRO-

## PROPOSITIO XC. PROBLEMA XLIX.

Conſtruere barometrum, cujus mutationes ſunt triplo ſenſibiliores barometro ordinario,

### RESOLUTIO.

1. Tubo vitreo recurvo (Fig. XXIV.) BE cujus crus majus BC ſit 30. crus minus CD 10 circiter digitorum Pariſinorum, in B firmiter adaptetur vaſculum pſeudoconico-cylindrum, cujus altitudo ſit 6″, &
2. Diameter reperiatur ex data diametro tubi, & ratione ſcalæ Mercurii in vaſculo ad ſcalam ejusdem in tubo 1 . 3 , *per prop. 88.*
3. Machina in ſitum Horizontalem inclinata mediante infundibulo crure recurvo prædito per vices Mercurio repleatur, ita ut Mercurii in crure CD ſtagnantis altitudo ſit 7″ circiter.
4. Cruri minori ateptur ſcala in ſingu-

los digitos & lineas divisa. *Sic f. e. q. p.*

DEMONSTRATIO.

Patet. *ex proposit. 88.*

## PROPOSITIO XCI.
## PROBLEMA L.
### Hygroscopium construere.

RESOLUTIO.

1. Funem cannabinum longiorem aut nervum fidium juxta parietem longiorem super trochlea extende, alterique ejus extremitati pondus G alliga.
2. Ubi funis vel chorda trochleam ambit, parieti affigatur lamina metallica, in qua ex centro trochleæ (Fig. XXV.) describatur arcus AB in partes quotcunque minutas dividendus, & trochleæ radius continuatus DE in indicem vertitur. Ita hygroscopium constructum. Q. e. f.

DEMONSTRATIO.

Cum enim humor funium & chordarum

rum longitudinem ſenſibiliter abbreviet, humore autem rurſus expirato iterum reſolvat, *per cor. exp. 9. & exp. 10.* pondus humore aëris aucto aſcendet, imminuto deſcendet. Et quoniam tam in aſcenſu, quam in deſcenſu ponderis trochlea convolvitur, index in lamina metallica parieti affixa indicat, num pondus multum aſcenderit, vel deſcenderit, conſequenter num aër, ad datum tempus plus alat humoris, quam alio tempore habuit. Eſt itaq; machinamentũ hygroſcopium *per def. 23.* Q.e.d.

COROLLARIUM.

Quo funis vel chorda longior, eo hygroſcopium ſenſibilius.

SCHOLION I.

*Longitudo funis 30 vel 40 pedum eſſe ſolet. Quare ne ſpatium nimis amplum requirat, circa plures trochleas circumvolvi debet. Craſſities fere craſſitiem digiti humani adæquet. In tanta autem longitudine funis non opus eſt, ut index trochleæ affigatur, quoniam ea plures gyrationes abſolvere poteſt: ſed ubi funis extremitas cum pondere desinit, parieti affigatur lamina metallica HI in partes quotcunque æquales divisa.*

SCHOLION II.

*Quoniam vero aëris humiditatem indicare debet funis vel chordæ abbreviatio cavendum est, ne pluvia eandem contingat, multo minus humor alius. Liber tamen aëri externo patere debet accessus.*

SCHOLION III.

*Ceterum cum nondum demonstratum sit, nec experientia constet, abbreviationes funis crescere in ratione incrementorum humoris aëris, nec definire licet, utrum hygroscopium hoc hygrometrum existat nec ne,* vi def. 2 & 22, *quod & de reliquis tenendum.*

## PROPOSITIO XCII.

### PROBLEMA LI.

Hygroscopium aliter construere.

RESOLUTIO.

1. Funis cannabinus (Fig. XXVI.) AB quatuor circiter pedes longus aut

aut nervus fidium, altera ſui extremitate unco ferreo A alligetur, altera vero B. in centro tabulæ ligneæ EF horizontaliter poſitæ firmetur.

2. Circa B affigatur pondus plumbeum C unius circiter libræ cum annexa regula CG.

3. Ex centro B in tabula deſcribatur circulus in quotcunque partes æquales dividendus. Sic f. e. q. p.

ALITER.

1. Funis cannabinus, aut nervus fidium HI altera ſui extremitate ſuspendatur ex unco (Fig. XXVII.) H.

2 Alteri extremitati annectatur globus K unius circiter libræ pondus habens.

4. Ex polo globi I intervallo arbitrario in ſuperficie globi deſcribatur circulus in quotcunque partes æquales dividendus.

4. Fulcimento uni pedi infigatnr ad angulos rectos index ſetaceus LA. Sic f. e. q. p.

ALI-

## ALITER.

1. Sit (Fig. XXVIII.) EF. pixis chartacea, aut ex alia materia quacunque parata, in D perforata & circulo CH in partes quotcunque æquales diviſo tanquam operculo tecta.
2. Ex centro baſis inferioris per centrum ſuperioris B extendatur portio chordæ teſtudinis, ita ut circa punctum B. libere moveri posſit.
3. Summitati chordæ applicetur index v. gr. agglutinando icunculam leviculam ex charta ſimplici. Ita f. e. q. p.

## DEMONSTRATIO.

Cum enim funis cannabinus atque nervus fidium levi quodam humore aëris, qualem ſecum vehit halitus oris, imbibito velociter contorqueatur; eodem autem exhalante rurſus extemplo reſolvatur, *per exp. 9. & 10*; evidens eſt, quod, humore aëris aucto, index in omnibus machinis deſcriptis quantitatem contorſionis vel reſolutionis monſtrare debeat.

Indi-

Indicant igitur, num multus in aëre fuerit vapor, consequenter hygroscopia sunt, *per def.* 23. Q. e. d.

## SCHOLION I.

*Juxta primam methodum ex fune cannabino hygroscopium primus construxit* Guilielmus Molineux, *ex Transf. Anglican. Menf. Jun. 1685. n. 162. p. 1032. repræsentatum in Actis Lipsiensibus A. 1686 p. 389, ubi simul p. 390 constructi juxta secundam methodum hygroscopiii descriptio exhibetur, visi à Collectoribus eorundem Actorum Dresdæ jam anno 1676. Ex nervis fidium juxta methodum tertiam hygroscopium construxit* Sturmius *descriptum in Colleg. Curioso part. 1. Tent. 14. p. 125. & seq. Ast juxta schol. 1. prop. 91. constructi ideam primus dedit* Wilhelmus Gould, *ex Transactionibus Anglicanis Menf. Febr. 1683/4 n. 156. p. 496. & seqq. in Acta Lipsiensia A. 1685. p. 317. translatam.*

## SCHOLION II.

*Hæc hygroscopiorum genera satis fideliter, utut non prorsus exacte, gradus humiditatis*

*tatis referre teſtantur* Molyneux *atque* Sturmius. *Etenim* Molineux *nec levem pluviam cadere, nec ſolem nubibus tegi, nec ex nubibus iterum emergere obſervavit, quin aliquam in ſuo hygroſcopio mutationem notaret. Et* Sturmius *auter eſt, chorda halitu oris per aperturas D afflata, è veſtigio à quinto ad decimum gradum (diviſerat autem circulum in 60 gradus) ac inde porro converſum flatuque ceſſante motu ſatis ſenſibili paulatim iterum reductum fuiſſe. Cum aëre pluvio ante feneſtram machinulam collocaſſet indicem* $1\frac{1}{2}$ *gyrationem incitato motu abſolvere notavit: eadem aëri conclavis ſicciori reddita, index ſtatim retroagi cœpit.*

## SCHOLION III.

*Ne in prima conſtructione trochlea cum indice unam gyrationem & amplius abſolvere queat, facile cavetur. Notandum nimirum, quanta ſui parte chorda integra aquis macerata prolongetur, & hac pro peripheria trochleæ aſſumta invenienda per communis Geometriæ regulas diameter trochleæ.*

SCHO-

## SCHOLION IV.

*In secunda & tertia constructione, per experientiam ea longitudo determinanda, quæ in contorsione à maximo aëris humore facta nonnisi unam indicis gyrationem admittit. Hic vero supponendum, gyrationes esse in ratione longitudinum funium extensorum, si ejusdem fuerint crassitiei. Etenim cum vis imbibendi humorem quantitati materiæ homogeneæ proportionalis existat, quantitates vero materiæ in funibus eandem crassitiem habentibus sint in ratione longitudinum, per 14. Elem. 12. etiam vires humorem imbibendi in ratione longitudinum existunt, consequenter & quantitates humoris imbibiti. Quodsi ergo duo funes vel diversæ partes ejusdem funis eadem ratione contorti fuerint, quin quoque in eodem humore aëris gyrationes à contorsione pendentes in ratione longitudinum existant, dubitari nequit, modo principia Philosophiæ primæ nobis sufficienter fuerint perspecta. Quod si tamen cui molestius videatur experientia duce funis vel chor-*

*chordæ longitudinem determinare, is utatur nova ad hoc hygroſcopiorum genus acceſſione, quam dedit* Ferdinandus Lichtſcheid *in Actis Lipſ. A. 1688. p. 181. & ſeqq. & qua obtinetur, ut numeri revolutionum integrarum una indicentur.*

SCHOLION V.

*Omittimus autem operoſam iſtam hygroſcopii conſtructionem, cum parum durabilia exiſtant hygroſcopia ex funibus cannabinis & chordis parata, ſiquidem perpetui fuerint uſus.*

SCHOLION VI.

*Variæ adhuc aliæ formæ hygroſcopiis ex funibus & chordis confici ſolitis indui poſſunt, quas nihil difficultatis habentes & pro arbitrio variantes exhibet* Dalence *in Tract. de hygrometris p. 95 & ſeqq. Ingenioſa autem eſt Acus hygrometra* à Cl. Gothofredo Teubero *inventa & in Act. Lipſ. A. 1688 p. 180. & ſeqq. deſcripta.*

## PROPOSITIO XCIII.
## PROBLEMA LII.

Ex

Ex ligno abietino hygroſcopium conſtruere.

RESOLUTIO.

1. Parentur ſubſcudes ſulcatæ AB & CD ex ligno quercino.
2. Intra crenas oppoſitas aptentur aſſerculi abietini AEFC & GBHD, ita ut ultro citroque facillime moveri poſſint.
3. In extremitatibus ſubſcudium A, B, C, D clavis firmentur aſſerculi & inter utrumque relinquatur ſpatium EGHF, cujus latitudo EG unius circiter digiti.
4. In I firmetur lamina orichalcea IK dentata & in L rotula dentata, cujus axi in altera machinæ facie index inſeratur.
5. Tandem ex centro axis deſcribatur circulus in quotcunque partes æquales dividendus. Sic f. e. q. p.

DEMONSTRATIO.

Cum enim experientia teſte lignum abietinum humorem aëris facillime imbibat

bibat ac inde turgeſcat, humore autem rurſus expirato tabeſcat; ſi aëris humiditas augetur, aſſerculi AF & BH humore turgeſcentes propius ſe invicem accedunt, ſi illa rurſus minuitur, iidem aſſerculi tabeſcentes denuo à ſe invicem diſcedunt. Quoniam vero diſtantia aſſerculorum nec minui poteſt ſine rotulæ L convolutione, index monſtrabit, num multum humoris imbiberint aſſerculi, an depoſuerint, conſequenter num magna ſit aëris humiditas, vel ſiccitas. Eſt ergo machina conſtructa hygroſcopium, *per def. 23.* Q. e. d.

SCHOLION. I.

*Hygroſcopium hoc invenit* de Heauteſeville, *ex cujus epiſtola ſub titulo Pendule perpetuelle anno 1678. edita id repræſentat* Sturmius *in Colleg. Curioſ. Tent. 13. Part. 2. p. 215. & ſeqq. Eidem fundamento aliud hygroſcopium ſuperſtruit* Cl. Teuberus *in Act. Lipſ. A. 1687. p. 76. & ſeqq. quod perfectione ſua aliorum inventa omnia in hoc genere ſuperat, imperfecte repræſentatum à ſæpius laudato Autore Tra-*

*ctatus*

*ctatus de Barometris, Thermometris & Hygrometris p. m. 113.*

SCHOLION II.

*Notandum vero, hæc quoque hygroscopiorum genera sensim sensimque à perfectione sua deficere, tandemque ab humiditate aëris nihil prorsus pati mutationis: id quod multiplici experientia edoctum esse* Cl. Teuberum, *novimus. Causam conjicit in salia, quæ aër intra poros ligni deponit.*

SCHOLION III.

*Alii aëris humiditatem ponderare conantur adhibita bilance accurata, quali in aëre ponderando usum esse* Cl. de Volder *supra notavimus* schol. 4. prop. 36. *Imponunt scilicet lanci uni materiam quandam quæ aëris humorem facile imbibit, alteri vero pondus isti æquale. Jam si aër humidus evadit, humore quoque imbuitur materia in lance una, sicque gravior reddita præponderat: si aër siccior redditus, exiccatur quoque rursus materia in lance una, sicque leviori reddita pondus in altera lance*

*lance præponderat, vel libra ad statum æquilibrii perfecti reducitur. Ut igitur appareat, quantum præponderet, quadrans in centro libræ ita applicatur, ut gradus quinquagesimo quartus per medium trutinæ transeat. Plures autem prostant materiæ humorem facile imbibentes. Huc refer e. gr. gossypium, lanam, spongias. Inprimis quilibet experiri poterit spongiam humorem aëris maxime attrahere, si aqua primum communi, deinde, ubi bonam partem rursus exiccata fuerit, aqua vel aceto, in quo aliquid salis Armoniaci, seu salis tartari dissolutum fuit, maceretur, atque in loco umbroso denuo aliquantum exiccetur. Huic autem instituto omnium maxime congruum judicat* Gouldius *supra laudatus l. c. oleum vitrioli, circa quod sequens instituit experimentum â Collectoribus Actorum Erudit. Lips. A. 1685 p. 315 his verbis relatum:* „Tres drachmas „olei vitrioli in tantum dephlegmati, ut „filum crassius corrodendo dissolveret, „vitro aperto, cujus diameter trium pollicum

cum erat ,infudit, illudque bilanci ac-„ curatæ impoſitum ſtatuit in loco ab igne„ & ſole libero, poſteaque pondus aliquo-„ ties quotidie examinavit & conſigna-„ vit, annotatis ſimul curioſe tempeſtatum„ ventorumque variationibus. Senſit itaque„ pondus indies augeri in tantum, ut in-„ tra ſpatium 57. dierum à tribus drachmis„ ad drachmas novem & 30 grana aſcen-„ deret. Incrementum autem hoc neu-„ tiquam æquale quotidie fuit, ſed ſingulis„ diebus decrevit, & adeo quidem, ut, cum„ primæ diei augmentum mox fuiſſet„ drachmæ & granorum octo, unius ultima„ dies vix dimidium granum adjeciſſe pon-„ deri notata fuerit: quo magis enim li-„ quor ſaturatus, eo minus quotidie incre-„ mentum accedere viſum, non æqua qui-„ dem deſcenſus proportione, ſed eo mo-„ do aucta, modo imminuta, pro diverſa„ aëris ventorumque temperie. -- Obſerva-„ tum ulterius eſt, quo amplior liquoris„ ſuperficies proportione habita ad ejusdem quantitatem aëri pateat, eo celerius eſſe„

„incrementum. Sic tria hujus olei grana „frusto vitri infusa ad latitudinem $\frac{3}{4}$ pol- „licis, mox primis 6 horis alia 3 grana at- „traxerunt, & intra minus quam 48 ho- „ras liquor jam tantum non plene satu- „ratus plus quam triplum primi ponderis „exhibuit.

SCHOLION IV.

*Quoniam hæc hygroscopia vel hoc solo nomine displiceant, quod contra pulveris accessum pondus materiæ humectandæ augentis non satis muniri queant: cum liber aëri aditus patere debeat; alia in præsenti non urgemus, quæ in eorum perfectione merito desiderantur.*

## PROPOSITIO XCIV.
## THEOREMA XXXV.

Densitas aëris, cæteris paribus, crescit in ratione ponderum comprimentium.

DEMONSTRATIO.

Si enim cætera sunt paria, densitatis mutatio unice à compressione pendet. Jam

Jam pondus duplum comprimit aërem in ſpatium ſubduplum, triplum in ſubtriplum, quadruplum in ſubquadruplum, &c. *per cor. prop. 28.* Ergo in aëre à duplo pondere preſſo molecularum diſtantia evadit ſubdupla earum, quæ ſunt in aëre à pondere ſimplici preſſo, & in aëre à triplo pondere preſſo aggregatum diſtantiarum ſubtriplum evadit aggregati illarum diſtantiarum, quæ ſunt in aëre à pondere ſimplici preſſo &c. Sunt vero denſitates reciproce ut diſtantiæ molecularum minimarum, *per ax. 9.* Ergo denſitas aëris compreſſi à pondere duplo eſt ad denſitatem compreſſi à ſimplici, ut pondus duplum ad pondus ſimplex; denſitas aëris compreſſi à pondere triplo eſt ad denſitatem compreſſi à ſimplici ut pondus triplum ad pondus ſimplex &c. Creſcit adeo cæteris paribus denſitas aëris in ratione ponderum comprimentium. Q. e. d.

COROLLARIUM I.

Ergo quantitates maſſarum ſub æquali

volumine ſunt etiam ut pondera comprimentia.

COROLLARIUM II.

Eandem adeo quoque rationem habent gravitates maſſarum aërearum ſub æquali volumine, *per ſchol. 2. ax. 3.*

PROPOSITIO XCV.

THEOREMA XXXVI.

Denſitas aëris inferioris non eſt ponderi atmoſphærico proportionalis.

DEMONSTRATIO.

Si præter alterationem ponderis atmoſphærici cætera in aëre inferiore omnia eſſent paria, denſitatis ejus eſſent ut pondera atmoſpherica, *per prop. 94.* ſed calor aëris denſitatem diverſimode variat, utut eodem pondere prematur, *per cor. 2. prop. 70. & def. 10.* ac forte adhuc aliæ dantur cauſæ eandem ſimiliter alterantes. Cum adeo denſitas aëris inferioris mutari poſſit, pondere atmoſphærico immutato, iſta huic proportionalis non eſt. Q. e. p.

COROL-

COROLLARIUM.

Ergo barometrum non eſt manometrum, *per def. 20. & 24.*

SCHOLION.

*Dixi in demonſtratione, forte alia quoque eſſe, quæ denſitatem aëris ab eodem pondere preſſi alterant. Suſpicor enim ventum iſtiusmodi mutationem inducere poſſe, cum teſte barometro aër admodum levis exiſtat vento valido ſpirante. Quodſi itaque tum aëer inferior rarior evadit, ſuperiore denſitatem ſuam retinente, aggregatum ex inferiore & ſuperiore omnino levius evadere debet.*

PROPOSITIO XCVI. PROBLEMA LIII.

Invenire incrementum ponderis, quod volumen aëris unius pedis cubici ob variationem ponderis atmoſphærici acquirere valet.

RESOLUTIO ET DEMONSTRATIO.

Si pondus atmoſphæræ cæteris paribus

augetur, aër inferior magis comprimitur, *per cor. prop. 28.* adeoque densior evadit *per prop. 10.* consequenter pes cubicus aëris à compressione gravius, quam ante compressionem, *per cor. 1. prop. 1.* Sit jam pondus atmosphæræ minimum = a, maximum = b, pondus aëris à minimo pressi = c, pressi à maximo = x, erit *per cor. 2. prop. 94.* a : b = c : x, adeoque x = bc : a, consequenter incrementum, quod volumen aëris datum ob ponderis atmosphærici variationem acquireere valet, est (bc : a) — c = (bc — ac) : a = (b — a) c : a.

## THEOREMA.

Ut pondus atmosphæricum minimum ad pondus aëris ab eodem pressi, ita differentia ponderis atmosphærici minimi à maximo ad incrementum ponderis, quod à tota variatione ponderis atmosphærici acquirere valet volumen aëris datum.

COROL.

COROLLARIUM.

Si ponamus pondus aëris, cujus volumen unius pedis cubici Parisini, 672 granorum, cum atmosphæra minimum gravititatis terminum obtinet, *vi schol. 3. prop. 36.*, sitque præterea a = 26, b = 28, *per schol. 1. prop. 67. cor. 1. prop. 9. & 14, Elem. 12.* erit x = 724, adeoque incrementum desideratum 52, consequenter fere $\frac{1}{13}$ ejus ponderis, quod pedi cubico aëris competit à minimo pondere atmosphærico pressi.

PROPOSITIO XCVII. PROBLEMA LIV.

Si aër redditur densior, pondus corporum minuitur; si levior, augetur.

DEMONSTRATIO.

Corpus quodlibet in fluido specifice leviore tantam gravitatis suæ partem amittit, quantum est pondus fluidi sub eodem volumine, *per prop. 7. lib. 1. Archimed. de insidentibus humido.* Jam volumen aëris denſioris plus aëris continet quam æquale volumen rarioris *per prop. 1.* Ergo in aëre denſiore majorem ponderis ſui partem corpora amittunt, quam in rariore. Si igitur aër denſior redditur, pondus corporum minuitur, ſi levior, augetur, Q. a. d.

## COROLLARIUM I.

Quoniam ex demonſtratione manifeſtum eſt, corpora ſpecifice graviora minorem ponderis ſui partem amittere, quam ſpecifice leviora, ſi aëer denſior redditur; duorum corporum diverſæ gravitatis ſpecificæ ex bilance ſuſpenſa in aëre æquilibratorum æquilibrium tollitur, aëre alterato. Si nempe aër denſior evadit, majorem ob denſitatis augmentum ponderis partem ſpecifice levius amittit, quam ſpecifice gravius. Ergo ſpecifice gravius præponderat. Similiter ſi aër rarior redditur, præponderat ſpecifice levius, ſed minor præponderatio, quam ſi denſior evadit. e. gr. Sint duo corpora A & B, quorum iſtud ſpecifice gravius, hoc ſpecifice levius,

levius. Utriusque pondus reperiatur 30 unciarum. Ponamus aërem fieri densiorem & pondus corporis A in eodem esse 30 — 3 (= 27) corporis B vero 30 — 9 (= 21) evidens est, corporis A præpondium fore 7. Ponamus aërem fieri rariorem; & pondus ipsius A in eodem esse 30 + 3 (= 33) erit pondus corporis B = 30 + 9 (= 39) præponderat ergo B excessu ponderis 6.

## COROLLARIUM II.

Sublatio igitur æquilibrii in sensus optime incurrit, si notabilis fuerit differentia inter gravitatem corporum in eodem aëre æquilibratorum.

## COROLLARIUM III.

Licet vero aër intra vasa densior redditus eorum pondus augeat, rarior redditus idem imminuat, *per prop. 96.* cum tamen circa vasa eandem densitatem vel raritatem una nactus in priori casu eorum pondus magis imminuat, & in posteriore augeat, *per prop. præs.* nullum ponderis incrementum in primo, nec decremen-

 tum

tum ullum in altero percipi poteſt, *per cor. 2. ax. 6.*

COROLLARIUM IV.

Quodſi contingat aërem intra vas ſatis amplum multo denſiorem ſieri extremo ambiente, vel multo etiam rarioẽ; ponderis aliquod incrementum vel decrementum percipi poterit.

COROLL. V.

Quare ſi verum eſt, quod ſcribit *Otto de Guericke Experim. de Vacuo lib. 3. cap. 3. f. 124*, vas nempe vitreum ſatis amplum aperto epiſtomio ad bilancem appenſum, calida tempeſtate levius, frigida antea gravius inveniri, vas caloris ac frigoris impreſſiones validius recipiat, magisque rarefiat atque condenſetur aër intus contentus neceſſe eſt, quam aër ambiens.

SCHOLION.

*Hæc ſi ita ſe habeant, ſique alternantia ponderis incrementa & decrementa notabilia ſint; concedendum eſt* Guerickio, *vas iſtiusmodi ad bilancem appenſum thermoſcopium exhibere. Minime tamen id inferri poteſt ex ratione ab ipſo allata; quod frigida tempeſtate plus aëris teneat, calida minus*, vi cor. 3. *Rem ipſam ob defe-*

*defectum vitrorum prægrandium & bilancis ingentis atque accuratæ experiri non licuit: experiantur alii, quibus instrumenta necessaria ad manus sunt. Non tamen prorsus improbabilis videtur: observamus enim corpora densiora, cæteris paribus, in eodem calore calidiora fieri, quam rariora, unumque corpus calorem diutius retinere aliis.*

PROPOSITIO XCVIII. LEMMA VI.

Sit libra ACDB habens centrum motus E extra centrum jugi C (Fig. XXX.) Dimoveatur ex situ Horizontali, atque per appensa in a & b pondera in eodem retineatur. Datis angulo DEd longitudine brachii cb & distantia centri motus à centro jugi EC, invenire rationem ponderum appensorum.

RESOLUTIO ET DEMONSTRATIO.

Sit $EC = Ec = a$, $CB = cb = CeA = ca = b$, sinus anguli DEd seu $cEI = s$, ejus Co sinus, seu sinus anguli $EIC = c$,

 sinus

ſinus denique totus $= t$. Erit *per principia* Trigonometrica

Ut Coſinus ad EC ita Sinus totus ad EI

$c : a = t : (at : c)$

Ergo $CI = (at - ac) : c$. Erit porro ut ſinus totus ad EI ita ſinus cEI ad Ic

$t : (at : c) = s : (as : c)$

Et quoniam angulus FCI rectus & FIC utrique Triangulo EIC & FCI communis erit quoque tertius CFI tertio cEI æqualis, adeoque

ut ſinus CFI ad CI ita ſinus totus ad IF

$s : (at - ac) : c = t : (att - atc) : sc$

Ergo $Fc = (ass + atc - att) : sc$, adeoque $Fb = (ass + atc + bsc - att) : sc$

Propter ſimilitudinem Triangulorum EIc & bFG habebitur

$EI : sc = Fb : FG$

$(at : c) : a = (ass + atc + bsc - att : sc)$
$: (ass + ats + bsc - att = ts)$

Quoniam $Fa = (bsc + att - ass - atc) : sc$ propter ſimilitudinem Triangulorum EcI & HFa erit

$EI : EC = Fa : FH$

$(at : c) : a = (bsc + att - ass - atc, : sc) :$

(bsc

$(bsc + att - ass - atc, : ts)$

Eſt etiam ut ſinus totus ad IF ita coſinus datus ad FC

$t : (att - atc, : sc) = c : (at - ac, : s)$

Quare $HC = FA - EF = (bsc - ass) : ts = (bc - as) : t$ & $CG = CF + FG = (bsc + ass) : ts = (bc + as) : t$. Eſt adeo HC ad CG ut $bc - as$ ad $bc + as$. Sed ut HC ad CG ita reciproce pondus in b ſuſpenſum ad pondus in a ſuſpenſum, *per commune theorema Mechanicum.* Ergo & pondus in a eſt pondus in b ut $bc + as$ ad $bc - as$, hoc eſt, *ut ſumma rectangulorum ex coſinu anguli DSd in longitudinem brachii libræ & ex ſinu ejusdem anguli in diſtantiam centri motus à centro jugi ad differentiam eorundem.* Q. e. i. & d.

## PROPOSITIO XCIX. PROBLEMA LV.

Manoſcopium conſtruere.

RESOLUTIO.

1. Aſſumatur bilanx centrum motus ſupra centro jugi habens & tam accurata, ut minimas æquilibrii mutationes indicet, quali e. gr. ſe uſum eſſe in aëre ponderando monet *de Volder*, *vi ſchol. 4. prop. 36.*

2. Ex altero jugi brachio ſuſpendatur globus ex lamina metallica, e. gr. cuprea aut orichalcea conſtruendus, ne pondus affrictum in libra augeat, minimas ponderis mutationes eluſurum. Capacitas globi ſit minimum unius pedis cubici, & ex cavitate aër educatur, *per prop. 8.*

3. Trutinæ affigatur Quadrans ex centro jugi deſcriptus, ita ut ſecetur in gradu quadrageſimo quinto ab indice, ſi jugum fuerit in ſitu Horizontali.

Dico, Manoſcopium eſſe conſtructum. Q. e. f.

DEMONSTRATIO.

Etenim ſi aër denſior redditus, pondus globi

globi evacuati minuitur, *per prop. 97.* Et licet etiam *vi prop. cit.* vis contrapondii minuatur, cum tamen ejus moles vix ſpatium à laminæ, ex qua globus conſtructus, ſoliditate repletum occupet, niſus ejus deorſum minus minuitur, quam globi, differentia exiſtente exceſſu ponderis unius pedis cubici aëris denſioris ſupra pondus rarioris, conſequenter contrapondium globo præponderat, *per cor. 1. prop. 97.* & augmentum gravitatis ſpecificæ aëris, in quo hæret, conſequenter & denſitatis, *per ax. 5.* indicat. Contra ſi aër rarior evadit, præponderat globus, *per cor. 1. prop. 97.* & raritatis aëris incrementum, *per ax. 5.* indicat. Eſt ergo machina conſtructa Manoſcopium, *per def. 25.* Q. e. d.

## COROLLARIUM I.

Quoniam aëris denſitas & raritas non modo à pondere atmoſphæræ *per cor. 1. & 5. exp. 2. & ax. 3.* ſed & à caloris atque frigoris actione *per cor. 1. & 2. exp. 11.* pendet; manoſcopium hoc baroſcopii vices ſuſtinere nequit, quemadmodum

vult

vult de *Guericke* in Exper. de Vacuob. 3. cap. 31. f. 114. &, qui ipſum ſequitur, *Boyle* in Hiſtoria Frigoris tit. 17.

COROLLARIUM II.

Eodem tamen tanquam manometro uti poſſumus. (Fig. XXX.) Datur enim ex obſervatione angulus DEd, adeoque inveniri poteſt gravitas reſpectiva ponderis in a, ſeu pars ejusdem amiſſa, *per prop. 98.* Ponderis vero amiſſæ partes ſunt ut gravitates maſſarum aërearum ſub æquali volumine, *per prop. 7. lib. 1. Archimed. de inſidentibus humido*, hoc eſt, ut ipſæ maſſæ aëris, *per ſchol. 2, ax. 3*, conſequenter & denſitates. Per noſtrum igitur manoſcopium determinari poteſt ratio denſitatum aëris. Eſt itaque Manometrum *per def. 24. & def. 2*,

SCHOLION I.

*Neque vero putandum eſt, mutationes gravitatis globi adeo exiguas fore, ut in bilance notari nequeant: proſtat enim* Guerickii *atque* Boylii *experientia in contrarium. Certe* Guericke *ſe expertum ſcribi*

*ſcribit l. c. quod globi gravitas interdum quovis, interdum ſecundo, tertio, quarto, quinto die aliquantum variata fuerit, & inprimis ingraveſcere globum notavit, ſi pluat. Nec difficulter ratione idem aſſequimur. Cum enim gravitas unius pedis cubici aërei 52 granorum mutationes ob variatum pondus atmoſphæricum ſuſtineat,* per cor. prop. 96. *bilanx vero unius vel alterius grani acceſſionem vel ablationem indicare poſſit, utut pondere 30. librarum (à quo multum abeſt globus cum ſuo contrapondio) oneretur,* per ſchol. 4. prop. 36; *ſi globus evacuatus pedem aëris cubicum capiat, quin variationes denſitatis ac raritatis ab atmoſphæræ pondere variato pendentes manoſcopium noſtrum indicet, dubitandum non eſt. Tanto minus autem dubitare fas eſt, quod aliæ adhuc denſitatis ac raritatis variationes à diverſo calore ac frigore aëris factæ, nec iſtis minores accedant. Didicit nimirum* Hallejus, *notantibus Actorum Lipſienſium Collectoribus Tom. 2. Supplem. Sect. 9. p. 435.*

*aërem*

*aërem ordinarium in Anglia ab æstatis calore expandi* $\frac{1}{3}$ *circiter sui voluminis, à maximo autem frigore condensari* $\frac{1}{20}$ *fere. Cum adeo pondus unius pedis cubici Parisini sit 672 granorum* per schol. 3. prop. 37, *erit decrementum ponderis in casu priore 52, incrementum in posteriore 33 vel 34 circiter granorum.*

SCHOLION II.

*Aliam Manometri constructionem dedit, qui primus de tali instrumento construendo cogitavit, Geometra celeberrimus* Varignon *in Comment. Acad. Reg. Scient. A. 1705 p. 409 & seqq. quam Actorum Lipsiensium Collectores Mens. Jul. A. 1707. p. 306. & 307 ita describunt.* " CGHE est " tubus, cui ab utraque extremitate adhæ-" rent vasa (Fig. XXXI.) BC & DE. Vas " BC cylindricum esse debet, ut facilior " sit in partes tubi partibus æquales divi-" sio, siquidem ea opus fuerit, & ut capaci-" tatis vasis ad tubum habeatur ratio. " Vasis DE figura arbitraria. Ab initio ma " china utrinque in B & A adaperta, & "

pro-

propter calculi commoditatem axi BC" ſit verticalis, horizontalis GF per dimidi " um vas DE transeat. Infuſo liquore " colorata, donec in GF ſubſiſtat, fora " minulum B hermetice ſigillatur, alte- " ro in A aperto. Capacitas globi DE " capacitati tubi CE & vaſis BC ſimul ſum " tæ æquatur, ne forte liquor in H usque " deſcendat, & tubulus flexuoſus AD ad " impediendam evaporationem additur. " Similiter diſpiciendum, ne forte vas BC " cum tubo CG tot aëris capiat, qui dilata " tus extremitatem tubi CE attingat. Ut " itaque capacitas tubi atque vaſis utrin- " que accurate determinetur, thermoſco- " pium Florentinum glacie circumdari, " poſtea aquæ calidæ immergi jubet, quo " habeantur termini compreſſionis ac dila- " tationis aëris. Quoniam jam ſpatium " B C G tali aëre repletur, qualis lo- " cum iſtum tum occupabat, in quo li- " quor infundebatur; evidens eſt, quod " ex liquoris aſcenſu ultra, vel deſcenſu " infra GH ratio denſitatis aëris dato quo- "

cunque

„cunque tempore, quocunque in loco, ad „densitatem aëris primitivi determinari „queat. E. gr. si ponamus ad datum ali-„quod tempus liquorem ad L usque per-„tingere, ad datum tempus aliud usque ad „K, erit densitas aëris isto tempore, ad „densitatem aëris hoc tempore ut BCL „ad BCK.

## SCHOLION II.

*Hoc manomentrum contemplanti dubia quædam occurrere poterunt, quæ partim ab ipso celeberrimo Autore proponuntur, partim pace viri summi à nobis adduntur. Claret itaque 1. si liquor ultra G assurgat, columnam aëris inclusi BCG non totum atmosphæræ pondus sustinere; si ultra F, aërem inclusum esse magis compressum externo: quoniam tamen ascensus liquoris nunquam per integrum BH fieri potest, hanc vero minimam assumere licet, cum ejus magnitudo arbitraria existat, haud invitus quilibet largietur ingeniosissimo Varignonio, nullum inde errorem sensibilem proficisci. 2. Supponit Autor, spatium BCG tali*

*tali aëre repleri, qualis locum istum tum occupabat, in quo liquor infundebatur; manifestum vero est* ex cor. 1. prop. 48, *aërem spatio BCG comprehensum semper minorem esse externo. Neque tamen minus claret, quoniam* per prop. 49. *determinari in quolibet casu potest ratio, quam habet densitas aëris inclusi ad densitatem ambientis, id ipsum non impedire, quo minus instrumento Varignoniano ad explorandam aëris densitatem utamur, inprimis si* per prop. 51 *Tabula construatur, in qua ad datam quamlibet liquoris altitudinem ratio densitatis aëris inclusi ad densitatem externi ambientis exprimatur. 3. Assumit Autor variatum calorem eadem ratione in aërem conclusnm atque externum agere: cujus suppositi veritas cum experimentis comprobari mereatur,* vi schol. prop. 97. *operam non prorsus perditurus est, si quando ea nobis exhibeat.*

## PROPOSITIO C. PROBLEMA LVI.

Ven-

Ventum excitare adverſus plagam deſideratam ſpirantem.

RESOLUTIO.

1. Conſtruatur vas cylindricum ABCD ex ligno, cujus diameter AB & altitudo AC tanto major eſſe debet, quanto impetuoſior ventus excitandus.

2. Vas ipſum undiquaque probe clauſum, ſolo foramine in E gaudens, cui tubus EF utrinque apertus ante immittendus, & inferne in G foramine inſuper pertuſus.

3. Per medium cylindrum tranſeat axis mobilis HI quatuor brachiis cum alis coriaceis KL intra vas, & tympano dentato M extra vas inſtructus. Habeat vero tympanum 6 vel 7 paxillos.

4. Tympano M occurrat rota dentata cum manubrio eidem axi affixa & 30 vel 28 dentes habens.

Dico hac machina ventum adverſus plagam deſideratam ſpirantem excitari poſſe. Q. e. f.

DE-

DEMONSTRATIO.

Etenim dum manubrium semel convolvitur, axis IH 5 vel 4 conversiones absolvit, adeoque alæ L & K per aërem inclusum celerrime fieri eundemque per tubum expellere possunt. Aëris autem agitatio sensibilis est ventus, *per def. 27.* Ergo hæc machina ventum excitat. Jam si tubus EF adversus plagam desideratam convertatur, excitabitur ventus adversus plagam desideratam spirans. Q. e. d.

SCHOLION I.

*Cum in molendinis axis ferreus HI cum tympano M occurrat; hoc artificio sub lapidibus molaribus facile excitatur ventus partes à granis frumenti abrasas à nucleo eorundem separaturus. Inde enatum est in oris nostris nondum satis notum molendini genus, quod vernaculo idiomate* eine Fege-Mühle / *item* eine Hirse-Mühle *dicitur. Ipsimet machinam istiusmodi inter alias molendinorum ideas materiales (quibus in tradenda Mechanica practica utimur) sub minore forma fieri curavimus,*

*mus, ejusque effectus experti notavimus, ventum per tubum EF spirare, etiamsi foramen in G occludatur. Unde collegimus, aërem novum ingredi vas cylindricum per foramen in media basi inferiore relictum, per quod transit axis ferreus HI, tympani basi superiore paulo majus. Per apertum vero foramen G parum aut nihil aëris expelli observavimus. Coincidit fere hæc machina cum ea, qua ad parcenda ligna utitur* Cl. Papinus *Mathem. Prof. Marburgensis. Vid. Fasciculus Dissert. Marburgi 1695 in 8 editus p. 20.*

## SCHOLION II.

*Pertinent huc etiam folles, quorum structuram hic exponi minime necessarium judicamus, cum ubivis obviam cernere liceat. Illud saltem hic notamus, quod valvula instruantur, tum ne aër inde in cavitatem eorundem regrediatur, quorsum expellitur, tum ut per aperturam ampliorem, quæ valvula instruitur, plus aëris cavitatem follium repleat, quam per exiguum tubulum, per quem ejicitur, intrare poterat. Aër*

*vero*

*vero per angustum orificium expulsus ventum vehementiorem excitat, quam si per amplum egrediatur.*

## PROPOSITIO CI.
### PROBLEMA LVII.

Data ratione gravitatis specificæ fluidi cujuscunque ad gravitatem aëris una cum spatio, quod intra definitum aliquod temporis spatium fluidum istud percurrit ab aëre premente impulsum, determinare spatium, quod ipse aër ob æqualem pressionem intra idem tempus emetiri debet.

### RESOLUTIO ET DEMONSTRATIO.

Ponatur altitudo, ad quam per datam aëris pressionem elevari potest fluidum in medio non resistente, $= v$. Sit porro ratio gravitatis specificæ fluidi ad gravitatem aëris $= b : c$. Spatium, quod fluidum ab aëre premente impulsum describit, dicatur $s$, & denique spatium, quod aër ob æqualem pressionem intra idem tempus emetitur, vocetur x. Quoniam *ex Hydrostaticis* constat, altitudines fluidorum, ad quas propter æquales pressiones elevantur, esse in ratione gravitatum reciproca, si altitudo, ad quam aër, eandem cum fluido pressionem sustinens eveheretur, modo elatere careret, fiat $= y$, erit $c : b = a : y$, consequenter $y = ab : c$. Jam ex iis, quæ *Gallilæus Dialog. 3. de Mech. p. m. 154 & seqq.* demonstravit, claret, velocitates, quibus fluida ob eandem pressionem elevantur, esse in ratione subduplicata altitudinum, ad quas ascendunt, adeoque in nostro casu ut $\sqrt{a} : \sqrt{(ab : c)}$ & ex natura motus ob temporum suppositam æqualitatem spatia, quæ istis celeritatibus percurruntur, in ratione velocitatum existunt, adeoque itidem sunt ut $\sqrt{a} : \sqrt{(ab : c)}$; habebimus

$$\sqrt{a} : \sqrt{(ab : c)} = s : x$$

Quare $$x\sqrt{a} = s\sqrt{(ab : c)}$$

$$ax^2 = abs^2 : c$$

$x^2$

$$x = bs^2 : c$$

$$cx^2 = bs^2$$

hoc eſt $c ; b = s^2 : x^2$

ut Gravitas ſpecifica aëris ad gravitatem fluidi alterius cujuscunque, ita reciproce quadratum ſpatii, quod fluidum hoc quacunque vi impulſum intra quodcunque temporis ſpatium percurrit ad quadratum ſpatii, quod aër ob eandem preſſionem eodem tempore emetitur.

COROLLARIUM I.

Ergo $x = \sqrt{(bs^2 ; c)}$. Invenietur adeo ſpatium, quod intra certum aliquod temporis ſpatium ob certam quandam impreſſionem aër emetitur, ſi ad duos numeros, quibus ratio gravitatis ſpecificæ aëris ad gravitatem fluidi alterius cujuscunque exprimitur, atque quadratum ſpatii, quod fluidum iſtud ob eandem preſſionem intra idem temporis ſpatium emetitur, quæratur *per regulam trium* quarta proportionalis, atque ex ea extrahatur radix quadrata.

## SCHOLION. I.

*Ponamus e. gr. aquam certa vi impulſam intra minutum temporis ſecundum percurrere ſpatium duorum pedum erit* ſſ = 2, *cumq; gravitas ſpecifica aquæ ſit ad gravitatem aëris ut 800 ad 1*, per ſchol. 3. prop. 36, *erit* b = 800 c = 1. *Habetur ergo* x = √(800 4 : 1) = 5′ 6 8″.

## COROLLARIUM II.

Eſt etiam $s = \sqrt{(cx^2 : b)}$. Quare ſpatium, quod intra certum aliquod temporis ſpatium ob certam quandam impreſſionem fluidum quodcunque emetitur, determinatur, ſi ad duos numeros, quibus ratio gravitatis ſpecificæ fluidi ad gravitatem aëris exprimitur, atque quadratum ſpatii, quod aër ob eandem presſionem intra idem temporis ſpatium emetitur, quæratur *per regulam trium* quarta proportionalis, atque ex ea extrahatur radix quadrata.

## SCHOLION II.

Mariotte *in Tractatu de motu aquarum p. 226 notat, ventum ſatis violentum ordi-*

*ordinarie spatium 24 pedum intra unum minutum secundum describere. Quod si ergo quæratur spatium, quod aqua ob eandem pressionem, quam aër sustinet, intra idem temporis spatium absolvit, erit* $c = 1$, $x = 24$, $b = 880$ *: reperietur* $s = t = \frac{6}{7} \sqrt{(576 : 800)} = \frac{24}{28} +$ circiter.

## PROPOSITIO CII. PROBLEMA LVIII.

Data altitudine ad quam fluidum quodcunq; à pressura aëris elevatur, una cum altitudine, per quam corpus grave intra minutum secundum descendit, determinare spatium, quod fluidum istud intra minutum secundum vi impetus impressi motu æquabili percurrit.

## RESOLUTIO ET DEMONSTRATIO.

Sit altitudo, ad quam fluidum ab aëre premente elevatur, $= a$, minutum temporis secundum $= b$, spatium quæsitum $= x$. Quoniam notissimum est, corpus grave per vim cadendo acquiſitam elevari debere ad altitudinem, per quam decidit; vis aëris prementis, qua fluidum ad datam altitudinem elevatur, æqualis erit vi, quam id per eandem cadendo acquirere valet. Porro *Gallilæus* demonſtravit, vim cadendo acquiſitam ejus eſſe celeritatis, qua corpus motu æquabili intra idem tempus, quo decidit, deſcribere valet lineam altitudinis, ex qua decidit, duplam. Reperietur adeo ſpatium, quod intra idem tempus, quo decidit, vi cadendo acquiſita percurrere valet $= 2a$. Sit præterea ſpatium, quod corpus grave deſcendens intra minutum ſecundum deſcribit, $= c$. Quia per ea, quæ *Gallilæus* oſtendit, ſpatia à corporibus decidentibus deſcripta ſunt in ratione duplicata temporum, erit tempus, quo grave decidit per ſpatium $a = \surd(ab^2 : c)$. Quare ſi motus æquabilis ponatur, erit

$$\surd(ab^2 : c) : 2a = b : x$$

adeoque

$$2ab = x\surd(ab^2 : c)$$

$$4aabb = abbx^2 : c$$

4ac

$$4ac = x^2$$

$$2\sqrt{ac} = x$$

## REGULA.

Ex facto altitudinis, ad quam fluidum ab aëre premente elevatur, in spatium, quod grave descendens intra minutum secundum describit, extrahatur radix quadrata, cujus duplum erit spatium, quod fluidum istud ob æqualem pressionem intra minutum secundum motu æquabili percurrit.

## SCHOLION I.

*Regula hæc supponit, datum esse spatium, quod corpus grave intra primum minutum secundum descendens describit. Id autem omnino supponi potest, cum acutissimus* Hugenius *in Horologio suo Oscillatorio part. 2. prop. 25. f. 155. invenerit, corpus grave prope superficiem Telluris tempore unius minuti secundi descendere per altitudinem pedum 15 & digiti unius, juxta mensuram Parisiensem, atque experimentis quam accuratissimis demonstrationes convenire didicerit. Similiter* Hallejus *ve-*

*ſtigiis Hugenianis inſiſtens in diſcurſu de gravitate & ejus proprietatibus (qui ex Transactionibus Anglicanis volumini primo Miſcellaneorum Curioſorum, Londini 1705 in 8 idiomate Anglico editorum,* prop. 4. *deprehendit, quod grave deſcendens prope ſuperficiem Telluris tempore primi minuti ſecundi deſcribat intervallum pedum 16 ac digiti unius; juxta menſuram Londinenſem.*)

SCHOLION II.

*Ponamus, Mercurium per preſſionem atmoſphæræ in Tubo Torricelliano ſuſtentari ad altitudinem 28″. Erit adeo in problemate noſtro* $a = 28''$, & vi ſchol. præc, $c = 15'\ 1''$ *ſeu* $181''$ (*uti enim libet menſura Pariſina.*) *Reperietur* x, *hoc eſt, ſpatium, quod ob eandem presſionem Mercurius motu æquabili tempore unius ſecundi percurreret* $= 2\sqrt{(181, 28'')} = 142''$ *quam proxime, ſeu* $11'\ 10''$. *Similiter ſit altitudo aquæ, ad quam per presſionem atmoſphæræ in medio non reſiſtente elevatur*, vi ſchol. 1. exp. 3. *pedum Pariſienſium* 32. *ſeu* $384''$. *Erit* $a =$ 384,

*384, c = 181. Reperietur x, hoc est, spatium, quod ob eandem presſionem aqua motu æquabili tempore unius secundi percurreret, in medio scilicet non resistente, quod in his & similibus calculis semper supponimus,* $= \sqrt{2}\sqrt{(384, 181)} = 518'' = 43' 2''$. *Ponamus denique Mercurium elevari per aliquam aëris presſionem nonniſi 2''. Erit in casu problematis nostri a = 2'' c =* 181, *adeoque* $x = 2\sqrt{(181, 2)} = 38'' = 3' 2''$.

## PROPOSITIO CIII.
## PROBLEMA LIX.

Data altitudine fluidi, ad quam propter aëris presſionem elevatur, invenire spatium, quod tempore unius minuti secundi ob eandem presſionem percurrere debet aër in medio non resistente.

### RESOLUTIO ET DEMONSTRATIO.

1. Quæratur, quantum spatium ob presſionem aëris, qua ad datam altitudi-

titudinem elevatur, tempore unius minuti secundi motu æquabili emetiretur fluidum propositum, *per prop. 102.* Hinc enim porro

2. Investigari potest spatium, quod aër in medio non resistente ob eandem pressionem percurrere debet *per cor. 1. prop. 101.* Q. e. i. & d.

COROLLARIUM I.

Per præsens igitur problema determinari potest spatium, quod aër in vas prorsus evacuatum irruens, intra temporis minutum secundum percurrit. Si enim vas prorsus evacuatum fuerit, aër irruens pressionem sustinet ei æqualem, qua aqua ad altitudinem 32 pedum Parisiensium elevatur, *vi schol. 1. exp. 3.* Quare spatium, quod aqua ob istam presionem tempore unius minuti secundi motu æquabili percurreret, est 43′ 2″ seu 518″, *per schol. 2. prop. 102.* Jam cum ratio gravitatis specificæ aquæ ad gravitatem aëris sit 800 : 1, *per schol. 3. prop. 36*, reperietur spatium, quod aër in vas prorsus evacuatum irruens motu æquabili tempore,

pore unius minuti ſecundi percurrere debet, 1292 pedum *per cor. 1. prop. 101.*

COROLLARIUM II.

Si aliqua tantum aëris portio ex vaſe educta fuerit, *per prop. 8*, determinari poteſt altitudo, ad quam in tubo Torricelliano vi elateris aëris dilatati elevari poteſt Mercurius, *per prop. 34.* adeoque ulterius invenitur ſpatium, quod aër ob æqualem preſſionem in medio non reſiſtente tempore unius minuti ſecundi percurrere debet, *per prop. præſ.*

COROLLARIUM III.

Ergo & ſi detur differentia virium elaſticarum in duobus voluminibus aëris contiguis, inveniri poteſt ſpatium, quod aër ex volumine fortiori elatere inſtructo irruit in volumen elatere debiliori gaudens.

SCHOLION I.

*Sit e. gr. differentia virium elaſticarum in duobus voluminibus aëris contiguis ea, qua Mercurius elevari poteſt ad altitudinem 2. digitorum. Reperietur ſpatium, quod ob iſtiusmodi preſſionem tempore uni-*

*us minuti ſecundi motu æquabili Mercurius deſcribere valet*, *38″ ſeu 3′ 2″*, per ſchol. 2. prop. 103. *Quodſi jam per experimenta hydroſtatica gravitatem ſpecificam Mercurii ad gravitatem aquæ ſupponamus ut 14 ad 1, cum* vi ſchol. 3. prop. 36 *gravitas aquæ ſit ad gravitatem aëris ut 800 ad 1, erit gravitas Mercurii ad gravitatem aëris ut 11 200 ad 1, reperietur* per cor. 1. prop. 101 *ſpatium, quod ob æqualem presſionem aër emetiri debet tempore unius minuti ſecundi fere 335 pedum. Irruet ergo aër ex volumine fortiori in debilius ea celeritate, qua tempore unius minuti ſecundi fere 335 pedes percurrere valet. Sit differentia virium elaſticarum nonniſi unius digiti. Reperietur ſpatium, quod ob presſionem iſti æqualem tempore unius minuti ſecundi motu æquabili Mercurius deſcribere valet, fere 26″ ſeu* $\frac{1}{2}$*″ 2″*, per prop. 102; *tandemque ſpatium, quod ob iſtiusmodi presſionem tempore unius minuti ſecundi aër emetiri debet, fere 229 pedum*, per prop 10. cor. 1. *Ea igitur celeritate,*

*qua*

*qua tempore unius minuti ſecundi fere 229 pedum ſpatium percurrere valet, irruit aër ex volumine fortiori in debilius.*

## SCHOLION II.

*Obſervat* Mariotte *in Tractatu de motu aquarum p. 226. ventum ſatis violentum intra minutum temporis ſecundum 24 pedes percurrere. Ejus igitur celeritas eſt multo minor ea, qua aër irruit ex volumine fortiori in debilius, differentia virium elaſticarum exiſtente non niſi tanta, quanta Mercurium in tubo Torricelliano ad altitudinem unius digiti elevare valet.*

## COROLLARIUM. III.

Quoniam data ratione voluminum aëris primitivi atque compreſſi inveniri poteſt altitudo, ad quam aër compreſſus Mercurium in tubo Torricelliano elevare poteſt, *per prop. 32,* evidens eſt, *per prop. præſ.* determinari poſſe celeritatem, qua aër ceſſante compreſſione, ſeu remota vi premente, ſeſe expandit.

## PROPOSITIO CIV. PROBLEMA LX.

Dato ſpatio, quod aër intra minutum ſecundum percurrit determinare presſionem, quæ celeritatem iſtam producere valet.

## RESOLUTIO ET DEMONSTRATIO.

Patet preſſionem eſſe determinatam, ſi conſtat altitudo, ad quam fluidum quodcunque in tubo vacuo ab aëre elevandum, ut illam efficere valeat. Sit itaque hæc altitudo $= x$, ſpatium, quod aër intra minutum ſecundum percurrit $= a$; ratio gravitatis ſpecificæ fluidi ad gravitatem aëris $= b : c$; altitudo denique, per quam corpus grave intra minutum ſecundum deſcendit $= d$; reperietur ſpatium à fluido tempore unius minuti ſecundi percurrendum $= \sqrt{(a^2 c : b)}$ *per cor. 1. prop. 101.* Hinc porro *per prop. 102* altitudo quæſita elicitur $= a^2 c : 4 bd$: Eſt adeo

$$4bd : ac = a : x$$

## THEOREMA.

Spatium, quod aër tempore unius minuti ſecundi percurrit, eſt ad altitudinem, ad ad quam fluidumin tubo vacuo elevandum, ut presſionem efficiat celeritati, qua iſtud deſcribitur, producendæ ſufficientem, in ratione compoſita gravitatis ſpecificæ fluidi ad gravitatem aëris atque altitudinis quadruplæ, per quam corpus tempore primi minuti ſecund. deſcendit, ad ſpatium aëris prædictum.

## SCHOLION.

Sit e. gr. $a = e4'$, $b = 11200$ $c = 1$, $d = 181''$ erit x non prorſus 1,

## PROPOSITIO CV. THEOREMA XXXVII.

Si elater aëris alicubi rarior evadat, quam in locis contiguis, ventus flat per locum, in quo elater imminutus.

## DEMONSTRATIO.

Cum aër per elaterem ſuum quaquaverſum ſe expandere nitatur, *per. cor. prop.* 4; ſi elater uno in loco minor evadat, quam in altero, niſus aëris vi elaſtica majore præditi adverſus aërem vi elaſtica minore inſtructum

ſtructum major erit, quam hujus adverſus iſtum. Ergo aër minus elaſticus vi minore reſiſtit, quam ab aëre magis elaſtico urgetur *per def. 11.* conſequenter aër minus elaſticus loco ſuo expellitur & magis elaſticus in eum ſuccedit, *per cor. 1. ax. 7.* Quodſi adeo exceſſus elateris in aëre magis elaſtico ſupra elaterem minus elaſtici is ſit, qui exiguam in barometro mutationem inducere valet; motus quoque tam aëris expulſi, quam in ipſius locum ſuccedentis ſenſibilis evadat neceſſe eſt, *per ſchol. 2. prop. 103 & ſchol. prop. 104.* Aſt agitatio aëris ſenſibilis eſt ventus *per def. 27.* Flat ergo ventus per locum, quem aër minus elaſticus replet. Q. e. d.

COROLLARIUM

Cum aucto pondere comprimente elater augeatur, *per cor. 1. prop. 5.* aër vero compreſſus ſit denſior minus compreſſo, *per ax. 8*; ventus flat per aërem rariorem ex loco, qui denſiore repletur.

COROLLARIUM II.

Quamobrem quia aër denſior rariore ſpecifi-

ſpecifice gravior, *per cor. 1. prop. 1.* extraordinaria aëris aliquo in loco gravitas cum ventis extraordinariis ſeu procellis conjungi debet.

COROLLARIUM III.

Jam deſcenſus Mercurii extraordinarius in barometro aëris levitatem extraordinariam indicat, *per prop. 67.* Non ergo mirum, quod procellas portendat.

SCHOLION I.

*Non tamen neceſſe eſt, ut aëris levitas ſemper cum ventis conjungatur: quoniam contingere poteſt, ut venti productio ab aliis cauſis impediatur. Unde & intelligitur, quod etiam vehementia ob cauſas reſiſtentes imminui valde queat. Hæc autem omnia ulteriori Phyſicorum disquiſitioni demandanda.*

COROLLARIUM IV.

Si aëer alicubi ſubito condenſatur, elater ejus ſubito minuitur, *per cor. prop. 26*, Quare cum hæc imminutio notabilis fuerit, ventus per aërem condenſatum flabit.

COROL-

## COROLLARIUM V.

Quoniam vero subito condensari nequit, nisi magnam ante passus fuerit rarefactionem, *per def. 16. & 17*; ventus flabit per aerem, dum post æstum vehementem refrigeratur.

## COROLLARIUM. VI.

Hinc tempore hiemali ventus spirat per exigua foramina in hypocaustum probe calefactum, utut externus prope conclavia admodum tranquillus fuerit.

## COROLLARIUM VII.

Similiter si aër sive purus, sive alteri fluido permixtus subito rarefiat; elater ejus subito intenditur, *per prop 26 & def. 17*, adeoque defluet per contiguum actioni vis rarefacientis non obnoxium, *per ax. 7. & ej. cor. 1.* Flabit ergo ventus ex loco, in quo aër subito rarefiet, *per def. 27.*

## COROLLARIUM VIII.

Vires Solis in aëre rarefaciendo notissimæ sunt. Sol igitur in ventorum genesin influit, *per cor. 5 & 7.*

SCHO-

## SCHOLION II.

*Quodsi dubites, vires Solis in aëre rarefaciendo notissimas esse: asserti veritatem ex jactis superius fundamentis facile assequeris. Etenim radios solares insigniter calefacere, tantum non quotidie experimur. Jam vero calor aërem dilatat,* per exp. 11. *Radii igitur solares aërem rarefaciunt*, per def. 17.

## SCHOLION III.

*Antiqua hic exposuimus de ventorum genesi, de quorum certitudine nulli dubitamus. Quodsi enim quis ob attentionis debitæ defectum vim evidentiæ, qua demonstratio gaudet, in se experiri nequeat, vel sibimetipsi diffidens credat, forte fieri posse, ut in demonstratione concipienda attentionem sufficientem non adhibeat, licet ad rem sit quam maxime attentus; is theoriam nostram experimentis comprobare valet, quæ non poterunt non ipsum convincere, ventum hac ratione produci posse, quam nos tradidimus.*

## SCHOLION IV.

*Diximus* in corollario primo, *si aër aliquo*

*aliquo in loco magis comprimatur, quam in altero contiguo, ventum ex isto per hunc flare debere. Veritatem asserti nostri experimento comprobaturus educ* per prop. 8. *ex vase aliquo aërem seu quandam ejus portionem, atque orificio vasis aperto experieris aërem externum magis compressum tanto majore celeritate in cavitatem illius ruere, quanto rarior internus fuerit factus. Ut vero celeritas aëris irruentis appareat, plumam orificio vasis applica ab illo pro ratione celeritatis agitandam. Immo quantus sit impetus aëris in vas evacuatum irruentis, non modo* ex cor. 1. prop. 103, *à priori patet, sed & optime à posteriori ex* Guerickiano *experimento à* Schotto *in Technica curiosa lib. 1. cap. 7. p. 20. relato addisci potest.* Autor, *inquit*, expe-„perimenti (*Guerickius nempe*) in literis „Magdeburgo d. 21 Julii A. 1655 ad do-„ctum quendam Philosophum missis, in „responsione ad quæsitum secundum „asserit, si evacuatum vitrum aperiatur, „irrumpere aërem externum tanto cum impetu,

impetu, ut nisi paulatim epistomium la-“
xetur, & via modica irruptioni pateat, vi-“
trum in frusta dissiliat, quæ laqueari con-“
clavis illidantur. Et hoc ait sibi non se“
mel contigisse cum magno oculorum pe-“
riculo. *Addit Schottus*: Nominarunt “
in Herbipolensi aula virum notum, qui“
cum propius adstitisset tum, cum episto“
mium evacuati antea recipientis reclude“
retur, coactus fuerit adstantium opem“
implorare, ut se tenerent, ne ab aëris“
in recipientem irruentis violentia vim“
pateretur. *Pertinet huc quoque experimentum* in prop. 2. *laudatum. Licet enim in isto flatus sit exiguus atque exiguo tempore duret; idipsum tamen propositioni nostræ non contrariatur, sed potius eandem confirmat. Etenim* vi propos. præs. & ej. cor. 1. *agitatio aëris tanto vehementior esse debet, quanto major fuerit differentia elateris in duobus aëris voluminibus contiguis, tantoque diutius flatus durare debet, quo majus fuerit aëris rarioris volumen. Quare cum* per schol. prop. 44. *exigua*

*quadam*

*quadam differentia inter elaterem aëris prope radicem turris & elaterem aëris, quem summitas ejus attingit, deprehendatur, ipsumque vas exiguum aëris volumen comprehendat; flatus aëris ex vase egredientis omnino & exiguus esse, & tempore exiguo durare debet. Horum vero omnium accuratam atque exactam determinationem ex supra citato* cor. 1. prop. 103 *petere licet.*

## SCHOLION V.

*Quod ventus per aërem spiret, dum calorem vehementem expirat, quemadmodum* in cor. 5 *contendimus, experimento hic confirmari non debet, cum tale jam* in cor. 6. *contineatur. Ast corollarii septimi veritatem experimento comprobabis, si vasis (Fig.) AB exiguo collo BC instructi orificio C tubulum gracilem CD adaptes, aliqua intus vini quantitate in cavitatem ejus infusa, ipsumque in arena usque ad EF defodias carbonibus candentibus superimposita: ubi enim aër tum purus tum intra spiritum vini contentus actione caloris urge-*

*urgetur, ventum cum impetu per tubulum CD egredi observabis. Quoniam vero tubuli CD directionem retinet flatus; hoc artificio excitatur ventus spirans adversus plagam desideratam. Habemus itaque aliam adhuc problematis 56. supra* in prop. 100 *propositi solutionem. Nec hæc venti generatio inutilis: possumus enim eodem uti ad vires flammæ concentrandas, ubi modica flamma insignem producere debet effectum, e. gr. si ad flammam lampadis vitrum aut metallum liquefacere constituimus. Pertinet huc quoque notissimum Æolipilarum experimentum, quo veteres ad ventorum genesin explicandam usos esse vel ex* Vitruvii lib. 1. cap. 6. *constat.*

## SCHOLION VI.

*Quamvis vero certum sit, iis, qui à nobis recensiti fuerunt, modis ventum in rerum natura excitari; haud quaquam tamen contendimus, non aliam, præter memoratas, possibilem esse rationem, qua ventus produci queat, quin potius ipsimet plures suspicamur. Etenim* in prop. 100 *demonstravi-*

*ſtravimus, ventum oriri per impetum ab impulſu corporis per aërem celeriter moti eidem impreſſum. Licet itaque jam nobis nullæ occurrant cauſæ, quæ aëri certo tempore iſtiusmodi impetum ex neceſſitate mechaniſmi Telluris imprimere debeant; hoc ipſo tamen nondum evidens eſt, nullas dari poſſe. Minime vero aſſentior iis, qui vapores aſcendentes pro cauſis talibus habent, cum nec tantam aſcenſus vaporum celeritatem, quanta ad ventum excitandum requireretur, nec copiam una aſcendentium tantam concipere valeam, quanta ad aërem ſenſibiliter admodum agitandum ſufficit. Alia tamen ratione vapores in aëre copioſi aſcendentes ad ventorum generationem concurrere poſſe mihi videntur. Scilicet ſi plures vapores per atmoſphæram diſtribuuntur, volumina aëris iisdem impregnata graviora redduntur; voluminibus contiguis antea ipſi æquilibratis* per cor. 1. prop. 1. *Defluet igitur aër ex volumine graviore per levius* per cor. 1. ax. 7, *conſequenter ventus excitatur. Et quoniam demon-*

*demonstrari potest, vapores esse vesiculas aqueas ab aëre distentas, ipsa quoque aëris massa in volumine vaporibus distento augebitur si forte bullulæ rumpantur. Præterea constat, celeberrimum* Newtonum *in profundæ eruditionis opere, Principiis inquam Philosophiæ Naturalis Mathematicis ostendisse, Lunam atque Solem in Tellurem, & Tellurem rursus in Solem atque Lunam gravitare, & ex bujus mutuæ in se invicem gravitationis lege demonstrasse, quod* Keplerus *noster sagacissimus primus suspicatus fuerat, aquas marium attrahi quasi à Luna & Sole, supra quibus hæc sidera moventur, hincque æstum maris oriri. Quidni igitur Sol & Luna aërem æque ac aquas marinas attrahant? Forsan igitur hæc attractio fluxum quendam & refluxum aëris causabitur, adeoque cum Lunæ vires per ea, quæ à* Newtono *in laudato opere demonstrata sunt, viribus Solis superiores existant, Luna inprimis in ventorum generationem influet. Quæ si vera sint, cum ventos præcipuas fere mutationis tempestatum causas esse constet, Lunæ in mutanda tempestate vires manifestæ forent, hincque Astrologia nova certis legibus nixa prodiret. Enimvero hæc ea, qua par est, industria examinare nobis quidem nunc non vacat, nec scopo elementorum nostrorum congruum videtur vi eorum, quæ in præfatione disseruimus.*

SCHOLION VII.

*Cæterum ex nostra imperfecta quidem, vera tamen ventorum theoria non difficulter multorum phænomenorum ratio reddi potest. Uno alteroque exemplo dictis fidem facimus. Notum est, si alicubi ingens incendium exortum fuerit, postero die ventum per loca vastata flare. Id fieri debere, ex antecedentibus ita deducitur. Incendio exorto aër insigniter raresit,* vi cor. 1. exp. 11; *incendio extincto, calor rursus expirat, adeoque aër condensatur*, per cor. 2. exp. cit. *Ventus igitur per locum incendio vastatum flabit*, per cor. 4. prop. præf. *Eadem prorsus ratio, quod æstum diurnum sub occasum solis excipere soleat venti leniter spirantis flatus. Interdiu enim aër notabiliter rarefactus, qui, ubi sub occasum*

*solis*

*solis rursus refrigeratur, sensim sensimque condensatur. Quamobrem nonnisi lenis flatus percipi potest. Hinc porro intelligitur, cur aperta janua vel fenestra aër externus frigidus irruat in hypocaustum. Causa scilicet est elateris in aëre frigido & calido sublatum æquilibrium, ex nostris principiis facile deducendum.*

## PROPOSITIO CVI. LEM. VII.

Sit Fig. X cylindrus circa centrum C mobilis, eique infixum brachium CB cum appenso pondere in B; invenire rationem virium in G applicatarum, pondus B diversimode elevatum sustentantium.

### RESOLUTIO ET DEMONSTRATIO.

Sit sinus totus = t, sinus anguli elevationis HCB, hoc est, anguli EFC, qui isti æquatur, *per 27. Elem. 1*, = s, distantia potentiæ à centro motus CG = a, longitudo brachii CB = ea: erit *vi principiorum Trigonometriæ planæ*,

Ut sinus totus t

ad longitudinem brachii *ea*
Ita ſinus anguli Inclinationis *s*
ad diſtantiam ponderis *eas : t*

Sit jam porro pondus in B appenſum = p, potentia = x, erit *per notisſima Mechanicæ principia*

$$a : \frac{eas}{t} = p : x$$

Ergo x = eaps : at

Similiter ſit ſinus anguli elevationis cujuscunque alterius = v, erit denuo *per principia Trigonometriæ planæ*,

Ut ſinus totus *t*
ad longitudinem brachii *ea*
Ita ſinus anguli Inclinationis *v*
ad diſtantiam ponderis eav : t

Quare ſi potentia pondus ſuſpendens dicatur y, erit denuo *per notiſſima Mechanicæ principia*

a : ( eav : t ) = p : y

Ergo y = eapv : at

Habemus adeo

x : y = ( eaps : at ) : ( eapv : at )

hoc eſt = s : v,

ſeu

ſeu Vires quæſitæ ſunt in ratione ſinuum angulorum elevationis.. Q. e.i.& d.

PROPOSITIO CVII. LEM. VIII.

Sit denuo X cylindrus circa centrum C mobilis, eique infixum brachium Fig. CB, in quo pondus K ſurſum deorſum libere moveri queat, invenire rationem virium in G applicatarum, quæ pondus K in diverſis brachii punctis B & F appenſum ſub eodem angulo elevationis HCB ſuſtentant.

RESOLUTIO ET DEMONSTRATIO.

Sit denuo ſinus totus = t, ſinus anguli inclinationis DBC = s, CG = a, cB = ea, CF = b reperietur *ut in prop. præc.* CD = eas : t. Propter ſimilitudinem Triangulorum CEF & CDB habetur.

CB : CF = CD : CE

ea : b = (eas : t (bs : t)

Si porro pondus dicatur p, *per notisſima Mechanicæ principia* invenietur potentia x inferendo :

a:(eas:t) = p:x in primo casu &
a:(bs:t) = p:x in altero casu.

Est ergo in primo casu x = easp:at, in altero casu x = pbs:at.

Sunt adeo vires potentiarum quæsitarum inter se ut easp:at ad pbs:at hoc est ut ea ad b seu ut longitudines brachiorum CB atque CF. Q. e. i. & d.

SCHOLION

*In demonstratione supposuimus, ipsum brachium CB gravitate omni carere: quod cum in praxi verum non sit, longitudines brachiorum computandæ sunt non à punctis B & F, ubi pondus R successive applicatur; sed à centro gravitatis communi brachii CB & ponderis in B atque in F successive applicati, cujus determinatio in dato quolibet casu ex principiis Mechanicis facillima existit.*

PROPOSITIO CVIII. LEMMA.

Sit rursus cylindrus X, circa centrum C mobilis, eique infixum brachium CB, in quo pondus K sursum deorsum mobilis, invenire rationem virium in G applicatarum, quæ pondus

dus K in diversis punctis E & B appensum sub diversis angulis elevationis CEL & CBH sustentant.

RESOLUTIO ET DEMONSTRATIO.

Sit pondus p, distantia ponderis CG = a, distantia ponderis in casu primo HC = Fig.x, distantia in casu altero LC = y, potentia sustentans in casu primo = v, potentia suspendens in casu altero = z Erit *per laudata Mechanicæ principia*

$$v : p = x : a$$
$$z : p = y : a$$

Ergo

$$av = px \qquad az = py$$
$$a : p = x : v \qquad a : p = y : z$$

adeoque

$$x : v = y : z$$
$$\& \quad x : y = v : z$$

hoc est, potentiarum vires quæsitæ inter se ut distantiæ ponderum HC & LC. Distantiæ autem hæ in dato quolibet casu *per Trigonometriam planam* sine negotio inveniuntur. Etenim in Triangulo LCE datur longitudo brachii CE cum angulo elevationis LEC præter rectum ad L. & in

 Trian-

Triangulo HCB similiter præter rectum H datur longitudo brachii CB cum angulo elevationis HBC. Ergo in utroque casu invenietur distantia ponderis CL, vel CH inferendo:

Ut sinus Totus
ad longitudinem brachii CE vel CB
Ita sinus anguli elevationis E vel B
ad distantiam ponderis LC vel HC.

Datis vero ponderum distantiis, habetur quoque ratio virium quæsitarum, *per demonstrata*. Q. e. i. & d.

SCHOLION.

*Quodsi calculus accuratus esse debeat, repetenda hic sunt, quæ* in schol. prop. 107 *monuimus*.

## PROPOSITIO CIX. PROBLEMA LXI.

Anemometron construere.

RESOLUTIO.

1. Construantur alæ Fig. ABCD quales in molendinis ventorum vi agitandis adhiberi solent, multo tamen minores à plano verticali sub angulo 54 circiter graduum reclinatæ.

2. Axi

2. Axi, cui alæ infiguntur, aptetur etiam cochlea perpetua Fig. EF, quæ circumacta deprimat.
3. Dentes rotæ ſtellatæ GH.
4. Axi per centrum tranſeunti infigatur ad angulos rectos brachium ſatis longum Fig. IK in medio conalis inſtar excavandum, ut intra cavitatem pondus plumbeum L ſurſum deorſum libere moveri poſſit, ipſique ex altera axeos parte æquilibretur brachium minus y.
5. Brachii majoris IK longitudo in partes quotlibet æquales dividatur, quarum ſingulæ radio axis æquantur.
6. Eidem axi affigatur, index Fig. MN, brachio Fig. IK vel parallelus, vel ad angulos rectos inſiſtens, & extra ciſtam, cui rota ſtellata cum cochlea perpetua incluſa, eminens.
8. Denique ex centro axis in pariete ciſtæ exteriore deſcribatur quadrans circuli in 90 gradus more ſolito dividendus, ab indice vel aſcendente, vel deſcendente indicandos.

Dico, Anemometrum eſſe conſtructum. Q. e. f.

DEMONSTRATIO.

Manifestum enim, si alæ Fig. ABCD vento opponantur, cochleam perpetuam EF circumvolvi, atque adeo rotam stellatam GH in orbem agere. Quare cum brachium IK cum rota stellata GH eidem axi infigatur, *per constructionem*, ubi hæc circumagitur, illud cum pondere L elevabitur. *Jam ex prop. 106, 107 & 108* apparet, pondus L tanto gravius fieri, quo altius elevatur. Vis igitur venti, quæ per minorem angulum elevare potest pondus, non ideo elevare idem valet per angulum quemcunque majorem. Quamprimum adeo ponderis gravitatio vi venti ipsum elevantis æqualis evadit, motus machinæ sistatur necesse est, *per ax. 6.* Quoniam vero index semper indicat, quantus sit angulus elevationis ponderis, ubi pondus vi venti æquilibratur, *per constructionem*; ratio virium ventorum *per prop. citt.* determinabitur. Qui vero numeris rationem exprimit, quam vis venti A habet ad vim venti B; is vires venti metitur, *per def. 2.* Ope igitur machinæ nostræ vires ventorum

torum metiri licet. Est adeo ipsa Anemometron, *per def. 26.* Q. e. d.

SCHOLION I.

*Facile vero obtinetur, ut hæc machina sine ullius adjumento alas* Fig. *ABCD vento semper obvertat, si cistæ* ST *plano, quod alis* ABCD *opponitur, ad angulos rectos affigatur asserculus* POQR *in* OP *paulo latior quam in* QR. *Ventus enim incidens in* POQR, *machinam circa axem pedamenti mobilem convolvet, donec alæ vento opponantur.*

SCHOLION II.

*Alias directio ad ductum vexilli è centro machinæ erecti fieri potest, uti in molendinis vulgaribus ventorum vi agitatis moris est.*

SCHOLION III.

*Cochlea perpetua* EF *insignem in hac machina præstat usum, certoque consilio præ rotis dentatis electa. Cum enim ex* Mechanicis *constet, à cochlea quidem rotam, ast non viceversa cochleam à rota circumagi posse; ubi pondus* L *ad eam altitudinem elevatum, ut vi venti in alas* Fig. ABCD *im-*

O 6 *pingen*

*pingentis æquilibretur, cessante licet aut imminuto impetu venti, pondus rursus descendere nequit. Angulum igitur elevationis ponderis semper accurate notari datur, utut non præsens fueris, dum elevatio contingebat. Hinc machina per noctem vento exposita mane angulum elevationis maximo impetui venti respondentem notabis. Quoniam præterea pondus nonnisi per arcum spatio unius dentis in rota stellata similem elevatur, dum alæ unum gyrum absolvunt; aliquoties alæ circumagendæ sunt, antequam motus à pondere sufficienter elevato sisti queat. Quamobrem alæ impetum satis concipere valent, antequam motus rursus sistatur.*

## SCHOLION IV.

*Ut sciatur, qualis partium machinæ adhibenda sit proportio, considerandum est, maximam ponderis elevationem esse 0°. Quare cum consultum sit, ut antequam pondus cum impetu venti ad æquilibrium reducatur, plures alarum revolutiones contingant,* per schol. præc. *rota stellata ut multis dentibus instruatur curandum*

est

*est. Quodsi itaque libuerit, ut singulis cochleæ revolutionibus singuli elevationis gradus respondeant, rota integra habebit dentes 360. Ex rotæ divisione oritur divisio cochleæ & ejus inde ad rotam determinatur ratio, quemadmodum* ex principiis Mechanicis *satis manifestum. Alarum vero magnitudo quo major, eo melior, quia sic facilius impetum venti recipere valent. Longitudo brachii arbitraria, ponderis magnitudo per experientiam determinanda donec vires ventorum accuratius per ipsum Anemometron nostrum fuerint exploratæ. Illud autem satis manifestum, quod, quo majores sunt alæ, & quo longius est brachium, eo minus esse possit pondus.*

## SCHOLION V.

*Quoniam brachium* IK *gravitate non caret, si instar lineæ Mathematicæ considerandum, ex centro gravitatis ejus concipi debet pondus suspensum gravitati ipsius æquale: Quare distantiæ ponderis non computandæ forent à linea directionis cursoris, seu ponderis mobilis, sed potius à linea directionis per centrum gravitatis commu-*

*ne Cursori & ponderi fixo gravitatem brachii æquanti.* Fig. *Hæc vero quoniam prolixum & nimis molestum calculum parerent; ideo ex altera axis parte brachio* IK *aliud quoddam minus* y *æquilibrari jussimus.*

SCHOLION. VI.

*Nos Anemometron portatile fieri curavimus, ut successum experiremur. Habet vero in eo rotula stellata dentes nonnisi 24, ut adeo maximæ elevationi 6 dentes respondeant, ne scilicet moles machinæ excresceret. Est vero altitudo alæ ad diametrum cochleæ ut 6 ad 1, latitudo alæ inferior ad superiorem ut 5 ad 7. diameter axis cui brachium infigitur, ad longitudinem brachii ut 1, ad 10 Fig. Pondus est 13. unciarum. Altitudo alæ* BZ *longitudinem pedis Rhenani parum excedit.*

## PROPOSITIO CX. THEOREMA XLII.

Si aër ejusdem esset in locis superioribus ac inferioribus densitatis, altitudo atmosphæræ nunquam major esset 3070 pedibus Rhenanis.

DE-

DEMONSTRATIO.

Gravitas specifica aquæ est ad gravitatem aëris prope superficiem Telluris fere ut 970 ad 1, *per schol. 2. prop. 36.* Ergo si aër in locis superioribus ac inferioribus eandem densitatem haberet, *per principia hydrostatica* altitudo cylindri aquei atmosphæræ æquiponderantis foret ad altitudinem atmosphæræ ut 1 ad 970. Enimvero altitudo cylindri aquei atmosphæræ æquiponderantis est 31 pedum Rhenanorum, *per cor. 1. exp. 3.* Quare si aër ejusdem esset in locis superioribus ac inferioribus densitatis, altitudo ejus foret 30070 pedum Rhenanorum. Q. e. d.

COROLLARIUM I.

Quoniam *juxta Varenium in Geographia generali lib. 1. cap. 4. p. m. 53* milliare Germanicum est 1900 perticarum, hoc est 22800 pedum Rhenanorum; altitudo atmosphæræ, si esset homogenea, non excederet milliare Germanicum cum parte ejus tertia.

COROLLARIUM II.

Quoniam vero aër in locis superioribus

bus rarior, quam in inferioribus *per prop. 3.* ejus altitndo major esse debet quam 30070 pedum Rhenanorum seu $1\frac{1}{3}$ milliaris Germanici.

SCHOLION I.

*Veteres altitudinem aëris accurate determinaturi, ad crepusculorum matutinorum initium & vespertinorum finem observatum tanquam ad sacram anchoram confugiebant. Supponebant enim, oriri crepuscula ex reflexione radiorum solarium ante ortum & post occasum solis atmosphæram nostram ferientium: nec hactenus male. In eo tamen non satis caute procedebant, dum crepusculorum generationem à simplici reflexione deducebant. Constat enim ante ortum solis Lucem conspici in aëre occidentali, quorsum nullus radius solis directus pertingere valet: quemadmodum primus advertit* Varenius *in Geogr. gener lib. 1. c. 19. prop 28. p. m 423. Præterea negligebant radiorum tam incidentium, quam reflexorum refractionem: unde non mirum, quod atmosphæræ altitudinem nimis magnam per calculum*

*suum*

*ſuum produxerint. Ponamus nimirum crepuſculum incipi videri ab obſervatore* Fig. A *in Horizonte ipſius apparente* T, *erit angulus* TAC *rectus*, & *angulus reflexionis* ATC *æqualis angulo incidentiæ* ETC, *cumque radius incidens* TS *Tellurem tangat in* E, *erit quoque angulus* TEC *rectus* per 18, Elem. 3. *conſequenter* TCE = TCA per 32. Elem. 1. *Quoniam vero* ex Aſtronomia *claret, angulum* HRS *aſſumi poſſe pro menſura profunditatis ſolis ſub initium crepuſculi in* T, & *huic æqualis eſt angulus* HCM, per 27 Elem 1, *conſequenter* & ACE, *quia tam angulus* ACE, *quam* HCM *cum eodem tertio* HCE *rectum facit*; erit per demonſtrata *angulus* TCA *æqualis profunditati Solis dimidiæ. Hanc vero Aſtronomorum recentiorum obſervationes faciunt 18 graduum: eſt ergo angulus* TCA 9°. *Quare cum ſemidiameter Telluris* AC *ſit 860 milliarium Germanicorum, reperietur* per Trigonometriam planam TC *fere 870 milliarium Germanicorum, unde ſi auferatur*

*ratur semidiameter Telluris* BC, *relinquetur altitudo atmosphæræ* TB *10 milliarium Germanicorum.*

SCHOLION II.

*Recentiores, qui refractiones tam radii incidentis* TS, *quam refracti* TA *rationem habent, angulum* ECA *minuendum judicant quantitate dupla refractionis Horizontalis solis. Videatur* Hallejus *in Discursu de decremento altitudinum Mercurii in barometro pro distantia locorum à superficie terræ, qui ex Transactionibus Anglicanis insertus est Tomo 1. Miscellaneorum Curiosorum Londini 1705 idiomate Anglico editorum p. 81. & seqq. Cum adeo refractio Horizontalis juxta* Keplerum *sit 34. minutorum, erit angulus* TCA 8° 26′ *Reperietur* per Trigonometriam planam TC *fere 869 milliarium Germanicorum, consequenter altitudo atmosphæræ 9 milliarium.*

SCHOLION III.

*Si duplicis reflexionis habeatur ratio, altitudo atmosphæræ multo minor reperitur. Certe* Varenius l. c. *eandem nonnisi*

*nisi* $1\frac{1}{2}$ *milliaris Germanici invenit, &* Weigelius *ex eodem duplicis reflexionis fundamento in Sphærica Euclidea lib. 2. cap. 4. p. 342 & seqq. demonstrare conatur, maximam molecularum in atmosphæra resplendescentium altitudinem non excedere 4 milliaria Germanica.*

## SCHOLION IV.

*Multas Astronomorum methodos ex observatione crepusculorum definiendi altitudinem atmosphæræ exponit* Ricciolus *Almag. Novi lib. 20 f. 657 & sqq. Tom. 2. Sed, ut verum fatear, mihi nulla adhuc ad veram altitudinem atmosphæræ determinandam sufficere videtur Etenim antequam ex crepusculis altitudo aëris determinari potest, tradenda est methodus crepusculorum initium accurate observandi, quam adhuc desiderari arbitror, nec adeo facilem esse judico, cum lux debilior in Horizonte vix advertatur. Præterea certum quidem est,* vi schol. 1, *crepuscula oriri non posse ex simplici reflexione; sed nondum demonstratum est, plures reflexiones non fieri quam duas. Denique probe obser-*

*observandum est, radium non modo refringi, dum atmosphæram ingreditur, sed & dum post contactum Telluris in E rursus ad extremitatem atmosphæræ in T defertur, ut adeo si simplex fiat reflexio, triplex contingat refractio, si vero reflexio duplex fiat, refractio quintuplex contingat; atque has refractiones esse sibi contrarias: ut non urgeamus ea, quæ contra suppositæ reflexionis naturam objicit* Varenius *l. c.*

## SCHOLION V.

*Hæ igitur difficultates nos impediunt, quominus in his Elementis Aërometriæ altitudinem atmosphæræ veram determinare audeamus: inprimis cum nondum pro explorato habeamus, si vel maxime meditantibus accurata occurreret methodus aëris crepusculini altitudinem exacte investigandi, nos per eam atmosphæræ altitudinem reperire posse. Etenim ex antecedentibus liquet, nos ad atmosphæram referre omnium molecularum congeriem, quæ in Mercurium Tubo Torricelliano inclusum gravitant, cumque aër sub extremitatem atmosphæræ rarissimus esse debeat; num*

*num reflexio radiorum solarium à paucissimis moleculis facta in superficie Telluris sensibilis existat merito adhuc dubitatur.*

## SCHOLION VI.

*Equidem* Mariotte *Tract. de Natura aëris p. 177 & seqq. admodum ingeniosam methodum commentus altitudinem atmosphæræ in barometrum gravitantis indagandi; sed cum supponat, aërem in ratione ponderum comprimi, hæc vero lex ad atmosphæram ægre applicari queat, tum per ea, quæ* in schol. 3. prop. 26. *annotavimus, tum quæ Mathematici Parisini se expertos esse testantur in Comment. Acad. Reg. scient. A. 1705. conf. Historiam ejusd. anni p. m. 12. & seqq.) nec ea instituto nostro congrua videtur.*

## PROPOSITIO CXI. THEOREMA Ultimum.

Aër assumit figuram Telluris.

## DEMONSTRATIO.

Habet enim altitudinem definitam. quem-

quemadmodum *ex ſcholiis prop. præc.* colligitur; adeoque certam aſſumere debet figuram. Enimvero Telluri ita circumfunditur, ut in uno loco ſuper ipſam non altior exiſtat, quam in altero, *per cor. 1. prop. 9.* Neceſſario igitur Telluris figuram aſſumit. Q. e. d.

COROLLARIUM

Quare quia Tellus figuram habet propemodum ſphæricam, aër quoque figuram ſphæricam habebit.

## PROPOSITIO CXII. PROBLEMA ULTIMUM.

Data altitudine aëris & ſemidiametro Telluris, determinare ſpatium, quod atmoſphæra circa Tellurem occupat.

RESOLUTIO ET DEMONSTRATIO.

Cum *per notisſimas Stereometriæ regulas* ex data diametro inveniri posſit ſoliditas ſphæræ, & tam Tellus, quam aggregatum ex Tellure & atmoſphæra figuram ſphæræ habeat, *per cor. prop. 111*; ſi inventa

venta ſoliditas Telluris ſubducatur ex ſoliditate aggregati ex Tellure & atmoſphæra, relinquetur ſpatium, quod aër circa Tellurem occupat. Q. e. i. & d.

FINIS.

A. M. D. G.

INDEX

# INDEX
## Rerum in his Elementis contentarum.

### A.

*fluidi*

*incre-*

Flui-

Humi-

Luna

N.



O.



P.



Pon-

Resi-

T.

T.

Vasi

Viribus

FINIS.

# Errata potiora.

P. 27. *operto* lege aperto. p. 34. *objectam* l. subjectam. p. 46. *nimium* l. nimirum. p. 49. *timensio* l. dimensio. p. 54. *edito* l. editi. p. 55. *comparatim* l. comparaturi. p. 61. cor. 5. post vocem *aequari* adde: manifestum est. p. 68. *reverendus* l. referendus. p. 71. *citro* l. citra. p. 83. a : $v^n$ l. $a^n : v^n$. p. 90. *unitateper hunc* &c. l. unitatem per hunc quotum divisam. p. 95. *expressi* l. compressi. p. 116. *super &* l. superet. p. 117. (v = b, a) : b l. (v—b, a) : b. p. 118. *exactae* l. exacte. p. 118. *debitus = e* l. debitus = c. p. 119. post verba: *ut quantitas aeris* inserantur haec: dilatati ad differentiam ejusdem a quantitate aëris. p. 127. *uti* l. vi. p. 134. lin. 1. post vocem *ergo* adde sequentia: resistentia aëris inclusi aequatur pressurae. p. 135. *coi* l. coni. p. 142. *rarefacti* l. dilatati. p. 144. *vetice* l. vertice. p. 146. *partium* l. ergo partium. p. 179. *&B.* l. AB. p. 183. *noto notus* l. noto notius. p. 196. aër l. aëre. p. 197. *calori* l. caloris. p. 198. *Drebbelianuum* l. Drebbelianum.

num. p. 202. *aer vero ambientis aëris* l. maſſa vero ambientis aëris. Ibid. *cum conciliare* l. ea conciliari. p. 202. *atterum* l. alterum. p. 203. *variis modis tentatum* l. varios modos tentatos. p. 206. *eidem* l. idem. p. 207. *aeque* l. aquæ. p. 213. gradus aërem l. gradus in aëre. p. 227. *per prop.* l. per prop. 39. p. 230. *altitudinis Mercurii* adde: in tubo Torricelliano. p. 230. pro $1' \frac{1}{48}$ l. $1' - \frac{1}{48}$. p. 231. lin. 1. dele vocem *digitos* & pro exigna l. *exigua*. p. 241. *aquæ* l. aqua. p. 245. poſt vocem *reciproca* adde: eſſe. p. 251. pro Io l. ſit 10'. p. 255. *fulcimento* l. fulcimenti. p. 265. *drachmæ & granonorum* &c. l. drachmæ unius & granorum octo. p. 270 (*bc* = *ac*) l. (bc — ac) p. 274. *extremo* l. externo. p. 275. *in eodem* l. in alio. p. 176. EI: sc l. EI: Ec. p. 276. — att = ts) l. — att, : ts) p. 277. *FA* — EE l. FA — CF. p. 277. *eſt pondus* l. eſt ad pondus. p. 285. *ſemper minorem* l. ſemper rariorem. p. 290. *puæ* l. quæ. p. 291. x, l. $x^2$. p. 292. ſſ = 2 l. ſ = 2. & pro 8004 l. 8 0,4. p. 296. *editorum* l. editorum inſertus eſt. p. 297.

VzV.

♈2♈ l. 2♈. p. 299. *irruit* l. irruens, & poſt vocem *gaudens* adde: percurrit. p. 307. *antiqua* l. aliqua.

Sic & paſſim pro *vaſium* l. vaſorum, & pro *vaſibus* l. vaſis Reliqua autem, quæ irrepſerunt, ſphalmata, Lector benevolus ipſe corriget, imprimis ſi hinc inde forte calculos typotheta non ſatis fideliter expreſſerit, quos nec propter abſentiam cum MSC. noſtro conferre, nec reiterare licuit.

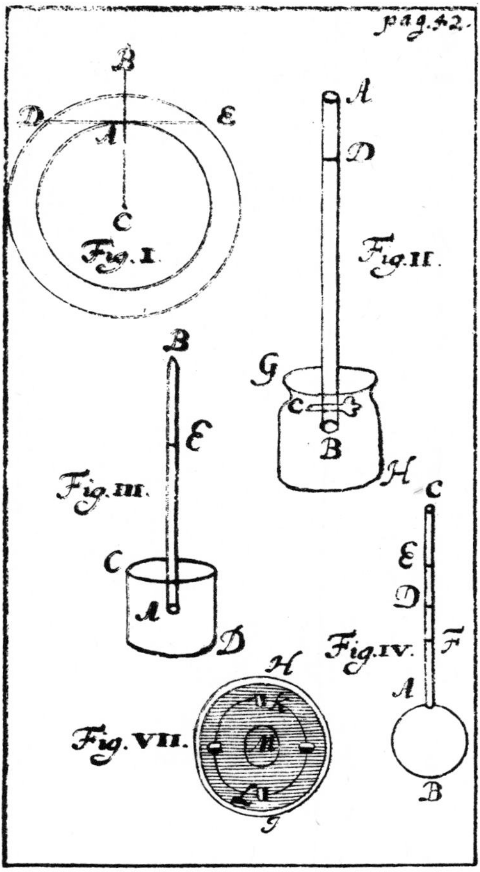
pag. 42.
B
D
E
A
C
Fig. I.
A
D
Fig. II.
G
C
B
H
B
E
Fig. III.
C
A
D
C
E
D
Fig. IV.
F
A
B
H
K
Fig. VII.
M
L
I

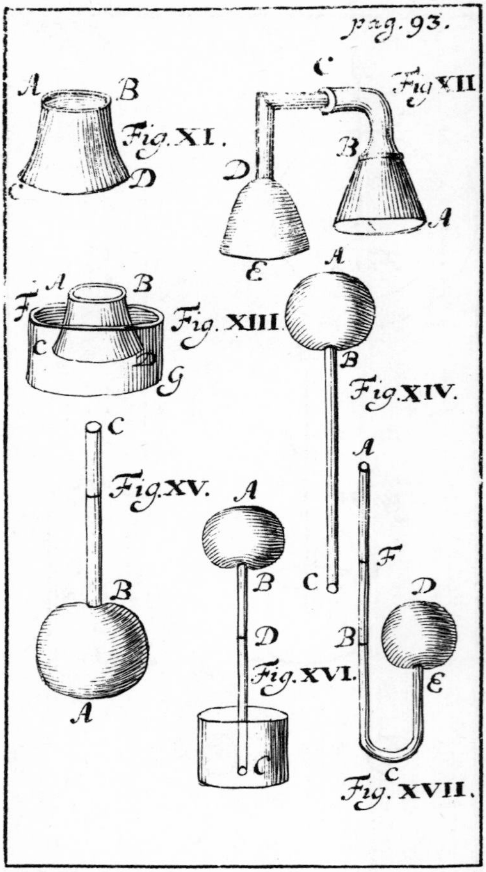
pag. 93.
Fig. XI.
A
B
C
D
Fig. XII
A
B
C
D
E
Fig. XIII.
A
B
C
D
F
G
Fig. XIV.
A
B
C
Fig. XV.
A
B
C
Fig. XVI.
A
B
C
D
Fig. XVII.
A
B
C
D
E
F

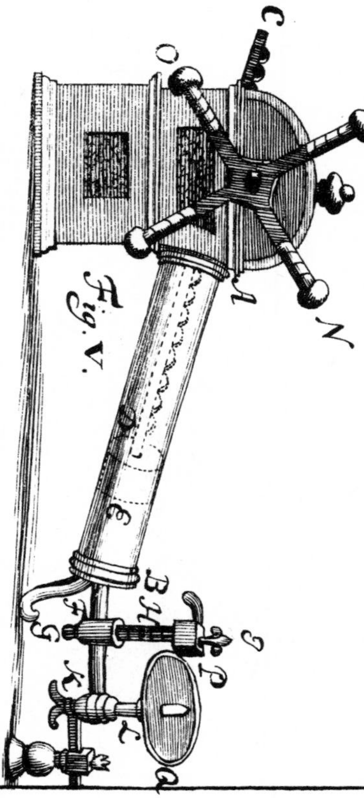

Fig. V.

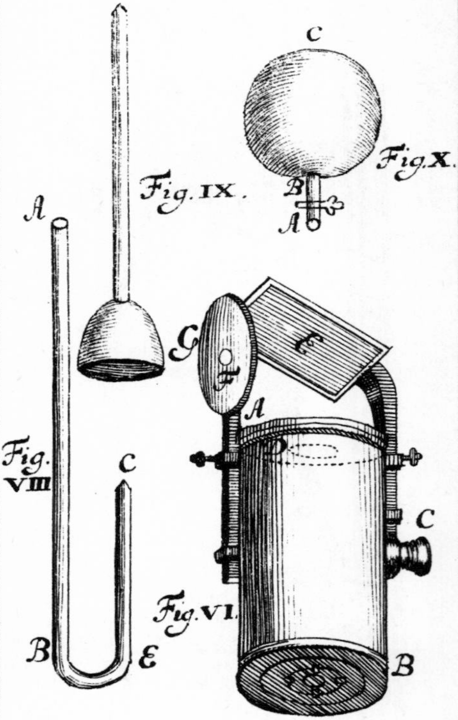
C
Fig. X.
B
A
Fig. IX.
A
G
E
F
A
D
Fig.
VIII
C
C
Fig. VI.
B
E
B

Fig. XVIII.

Fig. XIX.

Fig. XX.

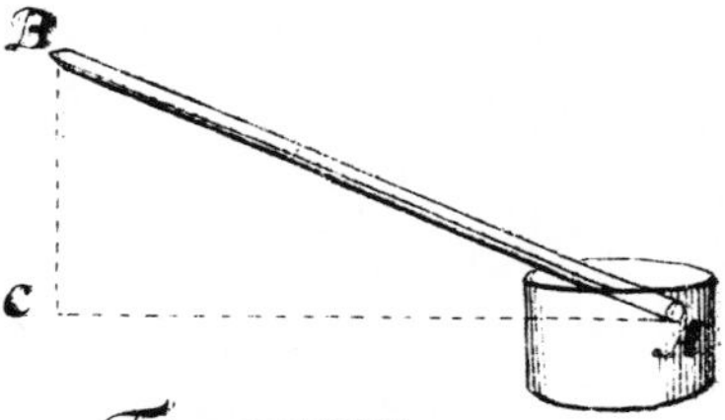


Fig. XXIII.

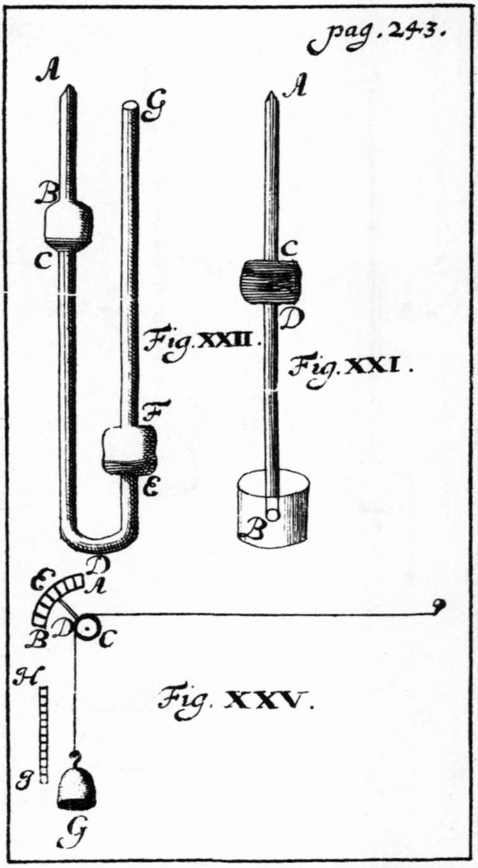
pag. 243.
A
G
B
C
Fig. XXII.
F
E
D
A
C
D
Fig. XXI.
B
E
A
D
C
B
H
Fig. XXV.
g
G

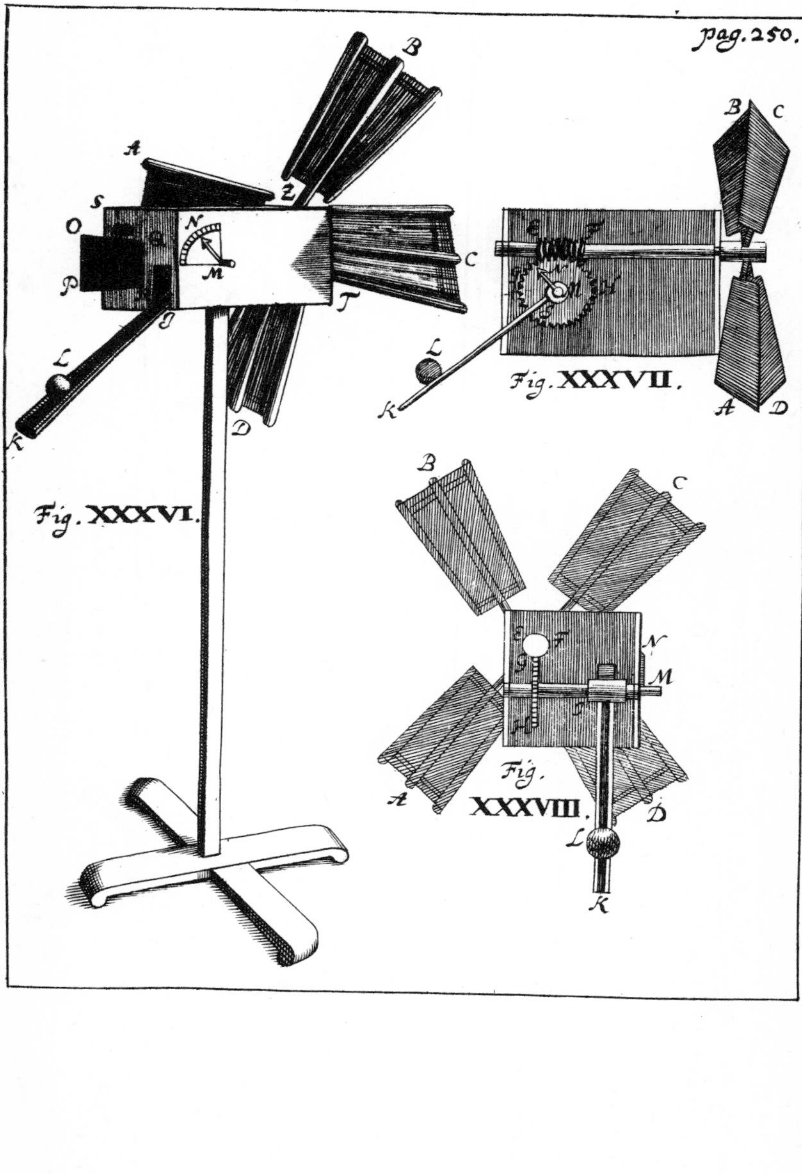


Fig. XXXVI.

Fig. XXXVII.

Fig. XXXVIII.

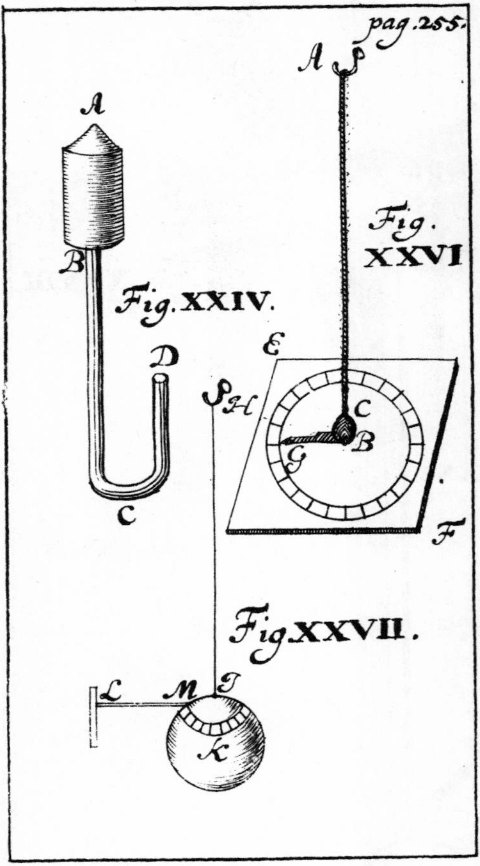
pag. 255.
A
B
Fig. XXIV.
D
C
A
Fig. XXVI
E
C
B
G
F
H
Fig. XXVII.
L
M
I
K

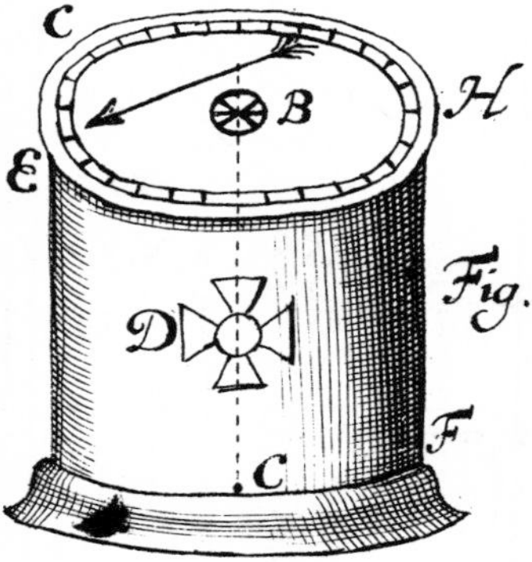


Fig. XXVIII.

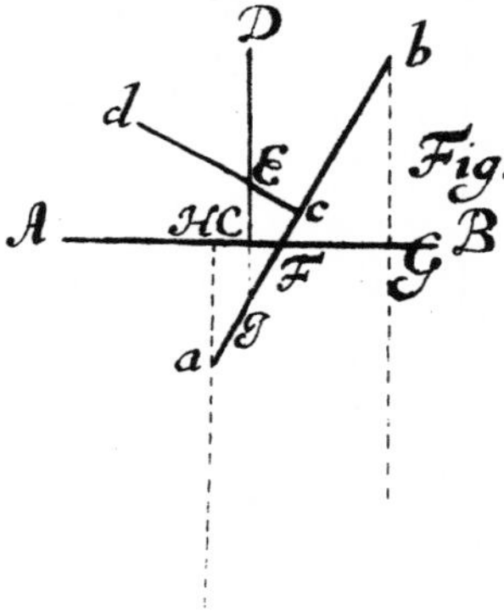


Fig. XXX

Fig. XXIX.

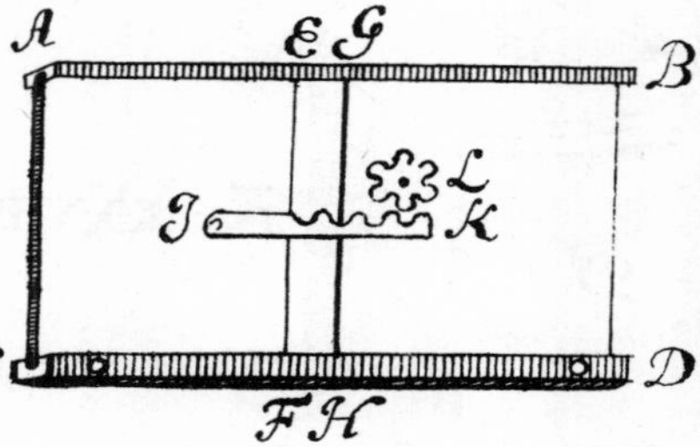


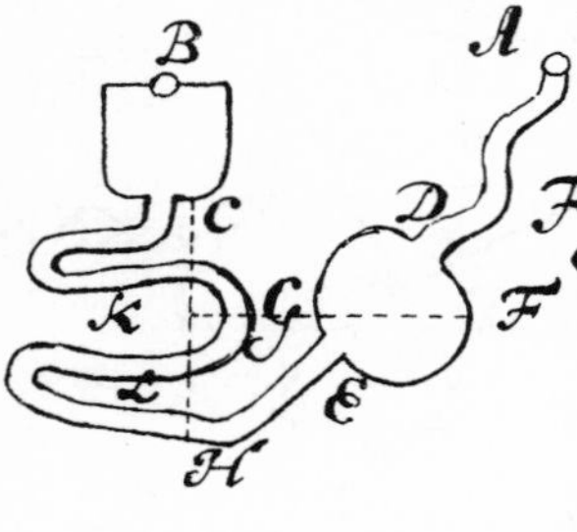


Fig. XXXI

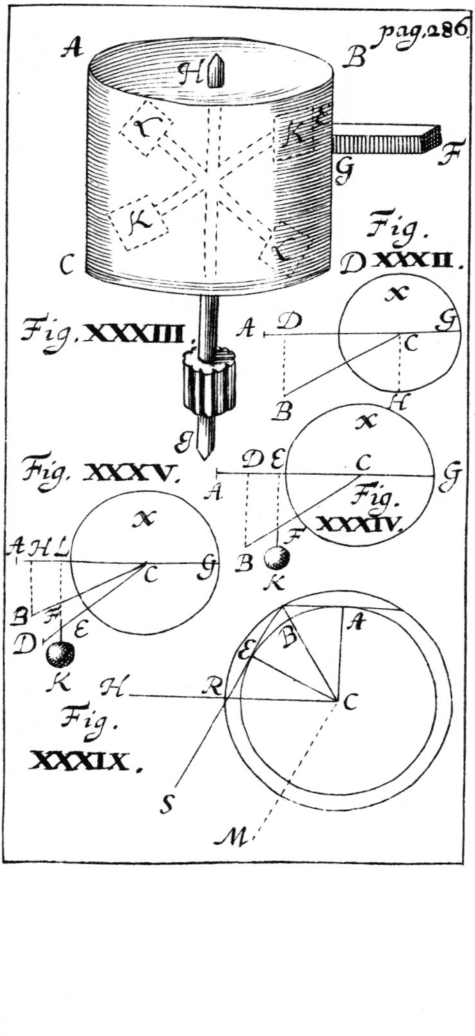
pag. 286
Fig. XXXII.
Fig. XXXIII.
Fig. XXXIV.
Fig. XXXV.
Fig. XXXIX.
A
B
C
D
E
F
G
H
K
L
R
S
M
x